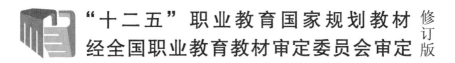

"十二五"职业教育国家规划教材 修订版

经全国职业教育教材审定委员会审定

家 具 与 陈 设

第 2 版

谭秋华　张献梅　编著

机 械 工 业 出 版 社

本书在"十二五"职业教育国家规划教材的基础上进行修订。

家具与陈设是室内环境设计的重要组成部分，与室内环境设计之间是一种相辅相成的关系，是体现室内气氛和艺术效果的重要角色。本书以家具与陈设的基本概念和发展演变为出发点，对其材料、构造、工艺、应用等方面进行分析，阐述了家具和陈设设计应遵循的原则、设计程序、方法和步骤，并通过优秀案例对所述内容进行剖析。本书共9章，主要内容有：家具概论、家具设计基础、家具的材料与结构、家具设计的程序和方法、室内陈设概论、室内陈设的类型及方式、室内陈设艺术设计的程序与方法、典型空间的家具与陈设、家具与陈设设计案例。本书具有内容丰富、通俗易懂、图文并茂、实用性和针对性强等特点。

本书可作为高职高专院校环境艺术设计、室内艺术设计、建筑室内设计等专业的教材，也可作为高等院校相关专业的教材，同时还可作为专业设计师和各类专业从业人员的参考用书。

为方便教学，本书配有电子课件，凡使用本书作为教材的教师均可登录机械工业出版社教育服务网www.cmpedu.com注册下载。咨询电话：010-88379375。

图书在版编目（CIP）数据

家具与陈设 / 谭秋华，张献梅编著. —2版（修订本）. —北京：机械工业出版社，2021.3（2023.12重印）

"十二五"职业教育国家规划教材

ISBN 978-7-111-67619-5

Ⅰ. ①家… Ⅱ. ①谭… ②张… Ⅲ. ①家具—设计—高等职业教育—教材 ②室内布置—设计—高等职业教育—教材 Ⅳ. ①TS664.01 ②J525.1

中国版本图书馆CIP数据核字（2021）第034858号

机械工业出版社（北京市百万庄大街22号 邮政编码 100037）
策划编辑：常金锋 责任编辑：常金锋 陈紫青
责任校对：张 力 封面设计：鞠 杨
责任印制：常天培
固安县铭成印刷有限公司印刷
2023年12月第2版第6次印刷
210mm×285mm · 9.5印张 · 231千字
标准书号：ISBN 978-7-111-67619-5
定价：49.00元

电话服务　　　　　　　网络服务
客服电话：010-88361066　机 工 官 网：www.cmpbook.com
　　　　　010-88379833　机 工 官 博：weibo.com/cmp1952
　　　　　010-68326294　金 书 网：www.golden-book.com
封底无防伪标均为盗版　机工教育服务网：www.cmpedu.com

第2版前言

随着我国经济、信息、科技、文化的发展，以及生活水平的提高，人们对生活、工作、学习环境提出了更高的要求。设计创造一个优美、舒适、美观、和谐的室内环境，既要注重室内环境的顶棚、地面、墙面等设计与装修，又要注重室内环境的家具、灯具、装饰织物、绿化以及其他陈设品等室内陈设设计。

家具与陈设是室内环境设计的重要组成部分，与室内环境设计之间是一种相辅相成的关系，对烘托室内气氛、格调、品位、意境等起到很大的作用，既能体现出丰富的文化内涵，又能达到传神达意的艺术效果。随着"轻装修、重装饰"理论的深入，家具与陈设得到了空前的重视。

本书是编者从创新的角度对"家具与陈设"课程进行分析与研究，总结以往所取得该课程的教学经验和实践经验，针对高等职业教育特点，重新整理编写的一本教材。本书在内容方面注重专业知识与职业考证、职业岗位要求相融合，同时加入素质教育内容，培养专业技能的同时，也培养爱岗敬业的职业态度。

本书的每个章节均配备了精美的课件，教师可登录机工教育服务网www.cmpedu.com注册下载；编者对于重点内容录制了相关视频，如"中国家具发展史""现代家具设计中的传统元素""榫卯——中国人骨子里的工匠精神""室内陈设中的中国风"等，可方便读者更好地学习；另外，本书最后一章中针对典型风格，设置了家具与陈设（软装）设计案例。

本书由宁波城市职业技术学院谭秋华、济源职业技术学院张献梅共同编著；在本书编写过程中，宁波柏天陈设品设计有限公司设计总监陈品浩、宁波左右设计有限公司设计师陈小霞提出了许多宝贵意见和建议，在此表示感谢；同时感谢李娜、李文雅、王婷婷、史花霞为本书录制的精美视频；另外，本书在编写过程中参考了大量的文献、图片、网站资料，未能一一列出，在此一并致以感谢。

由于编者水平有限，书中难免存在错误和不当之处，敬请专家、同行和广大读者批评指正。

编　者

二维码资源列表

章	名　称	二维码
第1章　家具概论	中国家具发展史（视频）	
	中国家具发展史	
第2章　家具设计基础	现代家具设计中的传统元素（视频）	
	现代家具设计中的传统元素	
第3章　家具的材料与结构	榫卯——中国人骨子里的工匠精神（视频）	
	榫卯——中国人骨子里的工匠精神	
第5章　室内陈设概论	室内陈设中的中国风（视频）	
	室内陈设中的中国风	
第9章　家具与陈设设计案例	设计案例5　古韵·幽——新中式风格家具与陈设（软装）设计	
	设计案例6　简·奢——现代港式风格家具与陈设（软装）设计	

C目录

ONTENTS

第2版前言

二维码资源列表

第1章　家具概论

1.1　家具的构成要素 ………………………………………………… 1

1.2　家具与室内设计 ………………………………………………… 2

　　1.2.1　家具在室内环境中的地位 …………………………………… 2

　　1.2.2　家具在室内环境中的作用 …………………………………… 4

1.3　家具的发展演变 ………………………………………………… 9

　　1.3.1　西洋古典家具 ………………………………………………… 9

　　1.3.2　中世纪家具 …………………………………………………… 10

　　1.3.3　文艺复兴时期家具 …………………………………………… 11

　　1.3.4　巴洛克及洛可可家具 ………………………………………… 12

　　1.3.5　新古典家具 …………………………………………………… 13

　　1.3.6　我国传统家具 ………………………………………………… 13

　　1.3.7　现代家具 ……………………………………………………… 15

第2章　家具设计基础

2.1　人体工程学与家具 ……………………………………………… 18

　　2.1.1　人体尺度 ……………………………………………………… 18

　　2.1.2　家具的基本尺度 ……………………………………………… 22

2.2　家具造型的形式法则 …………………………………………… 28

　　2.2.1　造型要素 ……………………………………………………… 28

　　2.2.2　家具造型法则 ………………………………………………… 32

第3章　家具的材料与结构

3.1　常用材料 ………………………………………………………… 36

　　3.1.1　木材与木制品 ………………………………………………… 36

　　3.1.2　金属材料 ……………………………………………………… 38

　　3.1.3　塑料 …………………………………………………………… 39

　　3.1.4　竹与藤 ………………………………………………………… 40

　　3.1.5　辅助材料 ……………………………………………………… 40

3.2 家具的结构类型 ⋯⋯⋯⋯⋯⋯⋯⋯ 40
 3.2.1 框架式结构 ⋯⋯⋯⋯⋯⋯⋯ 40
 3.2.2 板式结构 ⋯⋯⋯⋯⋯⋯⋯⋯ 42
 3.2.3 其他结构 ⋯⋯⋯⋯⋯⋯⋯⋯ 42
3.3 家具的部件构造 ⋯⋯⋯⋯⋯⋯⋯⋯ 44
 3.3.1 支架结构 ⋯⋯⋯⋯⋯⋯⋯⋯ 44
 3.3.2 面板结构 ⋯⋯⋯⋯⋯⋯⋯⋯ 45
 3.3.3 抽屉结构 ⋯⋯⋯⋯⋯⋯⋯⋯ 45
 3.3.4 柜门结构 ⋯⋯⋯⋯⋯⋯⋯⋯ 46

第4章 家具设计的程序和方法

4.1 家具设计的原则 ⋯⋯⋯⋯⋯⋯⋯⋯ 47
 4.1.1 工效学的原则 ⋯⋯⋯⋯⋯⋯ 47
 4.1.2 辩证构思的原则 ⋯⋯⋯⋯⋯ 47
 4.1.3 创造性的原则 ⋯⋯⋯⋯⋯⋯ 48
 4.1.4 传统风格与流行趋势并行的原则 ⋯⋯ 48
4.2 家具设计的程序 ⋯⋯⋯⋯⋯⋯⋯⋯ 48
 4.2.1 前期准备工作 ⋯⋯⋯⋯⋯⋯ 48
 4.2.2 方案设计与技术设计 ⋯⋯⋯ 49
4.3 家具设计的表达 ⋯⋯⋯⋯⋯⋯⋯⋯ 49
 4.3.1 图形表达 ⋯⋯⋯⋯⋯⋯⋯⋯ 50
 4.3.2 模型表达 ⋯⋯⋯⋯⋯⋯⋯⋯ 54
 4.3.3 文字与口语的表达 ⋯⋯⋯⋯ 54
4.4 家具设计参考图例 ⋯⋯⋯⋯⋯⋯⋯ 55

第5章 室内陈设概论

5.1 室内陈设的概念 ⋯⋯⋯⋯⋯⋯⋯⋯ 57
 5.1.1 陈设的定义 ⋯⋯⋯⋯⋯⋯⋯ 57
 5.1.2 室内陈设与室内设计 ⋯⋯⋯ 58
5.2 室内陈设的作用 ⋯⋯⋯⋯⋯⋯⋯⋯ 58
 5.2.1 改变室内环境效果的作用 ⋯ 58
 5.2.2 塑造室内环境风格的作用 ⋯ 60
5.3 室内陈设的发展沿革 ⋯⋯⋯⋯⋯⋯ 61
 5.3.1 萌发阶段 ⋯⋯⋯⋯⋯⋯⋯⋯ 61
 5.3.2 初步发展阶段 ⋯⋯⋯⋯⋯⋯ 63
 5.3.3 辉煌阶段 ⋯⋯⋯⋯⋯⋯⋯⋯ 64
 5.3.4 多元化发展 ⋯⋯⋯⋯⋯⋯⋯ 65

第6章 室内陈设的类型及方式

6.1 室内陈设的类型 ⋯⋯⋯⋯⋯⋯⋯⋯ 66
 6.1.1 功能性陈设 ⋯⋯⋯⋯⋯⋯⋯ 66
 6.1.2 装饰性陈设 ⋯⋯⋯⋯⋯⋯⋯ 74

6.2　室内陈设的方式 ……………………………………… 77
　　6.2.1　墙面陈设 ………………………………………… 78
　　6.2.2　台面陈设 ………………………………………… 79
　　6.2.3　橱架陈设 ………………………………………… 80
　　6.2.4　空中悬吊陈设 …………………………………… 81

第7章　室内陈设艺术设计的程序与方法
7.1　室内陈设艺术设计的目的与任务 …………………… 82
　　7.1.1　室内陈设艺术设计的目的 ……………………… 82
　　7.1.2　室内陈设艺术设计的任务 ……………………… 83
7.2　室内陈设艺术设计的原则与方法 …………………… 84
　　7.2.1　室内陈设艺术设计的原则 ……………………… 84
　　7.2.2　室内陈设艺术设计的方法 ……………………… 87
7.3　室内陈设艺术设计的程序 …………………………… 93
　　7.3.1　任务的承接 ……………………………………… 93
　　7.3.2　设计方案的提出 ………………………………… 93
　　7.3.3　设计方案的表达 ………………………………… 93
　　7.3.4　设计方案的实施 ………………………………… 96

第8章　典型空间的家具与陈设
8.1　居住空间 ……………………………………………… 97
　　8.1.1　客厅 ……………………………………………… 97
　　8.1.2　卧室 ……………………………………………… 99
　　8.1.3　儿童房 …………………………………………… 101
　　8.1.4　书房 ……………………………………………… 103
　　8.1.5　餐厅 ……………………………………………… 104
　　8.1.6　厨房 ……………………………………………… 106
8.2　公共空间 ……………………………………………… 107
8.3　商业空间 ……………………………………………… 108
8.4　餐饮空间 ……………………………………………… 109
8.5　办公空间 ……………………………………………… 111

第9章　家具与陈设设计案例
设计案例1　万里蹀躞·归——美式轻奢风格家具与
　　　　　　陈设（软装）设计 ………………………… 112
设计案例2　洗净铅华·真——东南亚风格家具与
　　　　　　陈设（软装）设计 ………………………… 120
设计案例3　漫绿·香颂——现代法式风格家具与
　　　　　　陈设（软装）设计 ………………………… 128
设计案例4　落拓·栖——后现代风格家具与
　　　　　　（软装）设计 ……………………………… 135

参考文献 …………………………………………………… 143

第1章
家具概论

[内容提要]

　　家具，是一定时期的社会文化生活的缩影，与人们的社会生活方式、物质文化水平和历史文化特征息息相关；是室内设计的重要组成元素；在各个不同时期都具有不同的特点和风格，对现代家具设计具有很重要的借鉴作用。本章主要介绍家具的构成要素、家具与室内设计的关系和中外家具的发展演变历程。

[知识目标]

◆ 掌握家具的构成要素。

◆ 了解家具与室内环境的关系。

◆ 了解中外家具在各个时期的特点与风格。

[能力目标]

◆ 能正确分析不同风格家具的功能、形式、材料三要素之间的相互关系。

◆ 能正确分析不同风格家具在不同室内空间中所体现的物质功能和精神功能。

◆ 能正确分析不同时期中外家具的特点与风格，以及家具的发展趋势。

[素质目标]

　　以传统文化的传承为切入点，了解家具的发展演变，学习中华传统优秀文化，培养深厚的民族情感，树立文化自觉和文化自信。

　　家具，从字意上来看，是人们在家庭中使用的器具；有的地方叫家私，即家用杂物。家具不仅是一种简单的功能物质产品，而且是一种广为普及的大众艺术。它既要满足某些特定的用途，又要供人们观赏，满足人们在接触和使用家具过程中产生某种审美快感和引发丰富联想的精神需求。所以说，家具既是物质产品，又是艺术创作，具有二重性特点。

　　家具的类型、数量、功能、形式、风格和制作水平以及当时的占有情况，还反映了一个国家或地区在某一历史时期的社会生活方式，社会物质文明的水平以及历史文化特征。它是某一国家或地区在某一历史时期社会生产力发展水平的标志，是某种生活方式的缩影，是某种文化形态的显现，因而家具凝聚了丰富而深刻的社会性。

1.1　家具的构成要素

　　家具由功能、材料和形式三种因素组成。这三种因素既互相联系，又互相制约。下面阐述这三种要素的主要内容及相互间的关系。

1. 功能

任何一件家具都是为了实现一定的功能目的而设计制作的。因此功能构成了家具的中心环节，是先导，是推动家具发展的动力。在进行家具设计时，首先应从功能的角度出发，对设计对象进行分析，由此来决定材料结构和外观形式。一般而言，可把家具产品的功能分为四个方面，即技术功能、经济功能、使用功能和审美功能。

2. 形式

家具的形式包括结构和外观形式。

结构是指家具所使用的材料和构件之间的一定组合与连接方式，它是依据一定的使用功能而组成的一种结构系统。它包括家具的内在结构和外在结构，内在结构是指家具零部件间的某种结合方式，它取决于材料的变化和科学技术的发展。如金属家具、塑料家具、藤家具、木家具等都有自己的结构特点。另外，家具的外在结构直接与使用者相接触，它是外观造型的直接反映，因此在尺度、比例和形状上都必须与使用者相适应。例如座面的高度、深度、后背倾角恰当的椅子可解除人的疲劳感；而贮存类家具在方便使用者存取物品的前提下，要与所存放物品的尺度相适应等。按这种要求设计的外在结构，也为家具的审美要求奠定了基础。

家具的外观形式依附于其结构，特别是外在结构。但是外观形式和结构之间并不存在对应的关系，不同的外观形式可以采用同一种结构来表现。外观形式存在着较大的自由度，空间的组合上具有相当的选择性，如梳妆台的基本结构都相同，但其外观形式却千姿百态。

3. 材料

材料是构成家具的物质基础。在家具的发展史上，用于家具的材料可以反映出当时的生产力发展水平。除了常用的木材、金属、塑料外，还有藤、竹、玻璃、橡胶、织物、装饰板、皮革、海绵等。

1.2 家具与室内设计

家具是室内设计中的重要组成元素，是室内环境物质功能的载体以及文化的体现。

1.2.1 家具在室内环境中的地位

1. 家具是人们从事活动的主要器具（图1-1）

自古以来，我们的祖先就会利用自然物质为自己服务，例如，把树桩当做凳子使用，把石头作为桌子、凳子和床等。随着社会的进步、生产的发展，人们利用各种材料设计制造了种类繁多、形式各异的家具为自身的各种形式的活动服务。所以说，家具发展到今天，它渗透于人类现代生活的各个方面，如日常生活、工作、学习、科研、交往、旅游、娱乐、休息等各种活动中。

图1-1　家具（一）

2．家具是室内环境中的重要陈设
（图1-2）

除使用功能之外，家具还从布置的
形式及其本身的造型给室内环境带来了
特定的艺术氛围，具有相当高的观赏价
值，甚至有些家具随着时代的发展，演
变成了专门的陈设艺术展品。如一些经
典的古代家具和著名设计师设计的家具
陈列于某些住宅的客厅或公司的接待厅
等场所，此时家具的使用功能便成为次
要的，而其精神功能上升为主要地位。
家具陈设变成显示主人的身份和文化素
养或反映公司的精神面貌和公司的经济
实力的标志。由此可见，家具在室内陈
设中具有重要的意义。

图1-2　家具（二）

1.2.2 家具在室内环境中的作用

家具是人们生活的必需品，不论是工作、学习、休息，或坐或卧或躺，都离不开相应家具的依托。因此，家具在室内空间中占有很大的比例和很重要的地位，对室内环境效果起着重要的影响作用。家具在室内环境中主要有物质功能和精神功能两方面作用。

1. 物质功能作用

（1）限定空间的作用（图1-3）

在一定的室内空间中，人从事的活动或生活方式是多样的，也就是说，在同一室内空间中要求有多种使用功能，合理的组织和满足多种使用功能就必须依靠家具的布置来实现，尽管这些家具不具备封闭和遮挡视线的功能，但却可以围合出不同用途的使用区域和限定人们在室内的行动路线。

图1-3 家具的物质功能作用（一）

（2）分隔空间的作用（图1-4）

利用家具进行空间分隔是传统室内环境设计中常用的手法，具有很大的灵活性和可控性，可以极大地提高空间的利用率和使用质量。如在办公室中利用家具单元沙发等进行分隔和布置空间；在住户设计中利用壁柜来分隔房间；在餐厅中利用桌椅来分隔用餐区和通道。因此，可以把室内空间分隔和家具结合起来考虑，在可能的条件下，通过家具分隔既可减少墙体的面积，减轻自重，提高空间使用率，并在一定的条件下，还可以通过家具布置的灵活变化达到适应不同功能要求的目的。这种分隔方式，使空间更加合理，隔而不断，同时也可以根据需要迁移或开合，方便使用，提高了空间的使用效率。

图1-4　家具的物质功能作用（二）

（3）利用空间的作用（图1-5）

充分利用空间，使其发挥最高的使用效率，是现代家具设计所追求的目标之一。尤其是在住宅建筑中，通过家具的巧妙设计与合理的布置，来使室内空间得到充分的利用。多功能组合家具和"借天不借地"的悬吊式家具实为缓和室内空间狭小的好方法。有的儿童卧室的设计是在一个小房间的一角设置了两个高低小床，交叉错落，将娱乐区和睡眠区有机结合，既有效地利用了空间，也丰富了室内的视觉效果。欧洲著名设计师布鲁耶，为满足住宅建筑工业化要求，曾提出家具设计的标准

图1-5　家具的物质功能作用（三）

化。为了合理、高效、有序地安排有限的室内空间，他大力倡导储藏体系和嵌入式家具（壁柜），通过实践，达到了很好的效果。

（4）填补空间的作用（图1-6）

家具布置和空间界面的塑造共同形成室内环境气氛。在空间的构成中，家具的大小、位置成为构图的重要因素，如果布置不当，会出现轻重不均的现象。因此，当我们认为室内家具布置存在不平衡时，可以选用一些辅助家具，如柜、几、架等布置于空缺的地方或恰当的壁面上，使室内空间布局达到均衡与稳定的效果。

图1-6　家具的物质功能作用（四）

（5）丰富室内空间的作用（图1-7）

在室内空间中，家具除了最基本的实用功能外，还具有审美的情趣,它还是对空间的点缀和自我个性的张扬。在使用过程中，其功能尺度和质感让人心满意足，而当它单独存在的时候，艺术风格则马上显现在空间中，散发强烈的存在感。可以通过家具对室内空间进行调节，从而丰富室内空间的布局。

图1-7 家具的物质功能作用（五）

2. 精神功能作用

（1）表达人们的审美情趣（图1-8）

由于家具在室内空间所占的比重较大，体量十分突出，因此家具就成为室内空间表现的重要角色。历来人们对家具除了注意其使用功能外，还利用各种艺术手段，通过家具的形象来表达某种思想和含义。通过对家具纹样的选择、构件的曲直变化、尺度大小的改变、造型的壮实或柔细、装饰的繁复或简练，来表达一种思想、一种风格、一种情调，营造一种氛围，以达到某种要求和目的。而现代社会流行的怀旧情调的仿古家具、回归自然的乡土家具、崇尚技术形式的抽象家具等，也反映了各种不同思想情绪和某种审美要求。

图1-8　家具的精神功能作用（一）

（2）反映民族文化、营造特定的环境气氛（图1-9）

家具是一种具有文化内涵的产品，它实际上体现了一个时代、一个民族的生活习俗，它的演变也体现了社会文化以及人的心理行为和认知的发展。每一个民族文化的发展、演变都对室内设计及家具风格产生了极大的影响。不同时期的家具反映出不同时期的社会文化背景及民族特色，不同的室内空间也因为家具风格的不同而使人产生不同的心理感受。从人的心理特征来看，家具的选择与人们的年龄、职业、文化素养等有关。一般老年人都比较偏爱稳重、色彩深沉、纹理自然、装饰性强、具有古典样式的家具；年轻人则喜欢造型独特、色彩明朗、线条流畅简洁的家具；而儿童则喜欢卡通的、色彩鲜明、象征性强并带有一定趣味性的家具。家具属于室内陈设的一部分，任何一个不和谐的因素放在空间里都会破坏其整体性。家具的装饰作用与整个室内空间所呈现出来的氛围是密切相关的。通常现代风格的室内空间配置的家具造型简练，中式仿古风格的室内空间匹配的家具具有古典风格。

（3）调节室内环境色彩

由于家具的陈设作用，

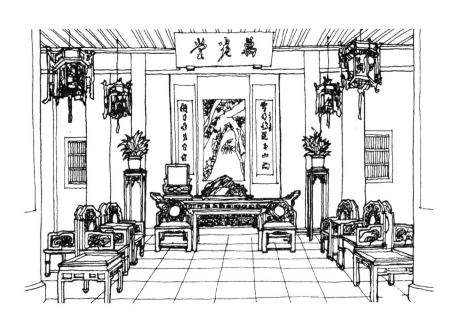

图1-9　家具的精神功能作用（二）

家具的色彩在整个室内环境中具有举足轻重的作用。在室内色彩设计中，我们用得较多的设计原则是大调和、小对比。其中，小对比的色彩设计手法，往往就体现在陈设和家具上。在一个色调沉稳的客厅中，一组色调明朗的沙发会使人精神振奋和吸引视线，从而形成视觉中心；在色彩明朗的客厅中，几个色彩鲜艳、明度深沉的靠垫会造成一种力度感的气氛。家具的造型和色彩赋予室内空间以生命力，如鲜艳的塑料色及软织物色，色彩丰富、装饰性强，使空间极富情趣，给人以轻巧柔美之感；天然材料的原有色和质地，使室内具有柔美温馨气质，充分展现自由、自然的风情，给人以亲切、温柔、高雅的感受；冷峻简洁的玻璃、金属等人造材质，则使空间更加灵动多变，精致时尚，极具现代感。

1.3 家具的发展演变

1.3.1 西洋古典家具

1. 古埃及家具（图1-10）

位于非洲东北部的古埃及，在公元前1500年前后的极盛时期，曾创造了灿烂的尼罗河流域文化。当时的家具已具有相当的水平，取得了辉煌的成就。常见的家具有桌椅、折凳、矮凳、矮椅、榻、柜子等。它们由四条方腿支撑，座面多采用木板或编草制成。家具的脚部大多采用狮爪或牛蹄状等动物腿型，底部再接以高木块，使兽脚不直接与地面接触，更具装饰效果。靠背采用几何或螺旋形植物图案装饰，用贵重的涂层和各种材料镶嵌，用色鲜明、富有象征性。

2. 古西亚家具（图1-11）

位于底格里斯河和幼发拉底河流域的古西亚、巴比伦和古埃及一

图1-10 古埃及家具　　　　　　　　　　　　　　图1-11 古西亚家具

样，也是人类文明的发源地之一。古西亚家具自然简朴、精雕细刻、旋木装饰的艺术风格，是各部族交替、融合的西亚文化艺术。古西亚与古埃及的东方文化艺术对欧洲诸国的家具影响极为深刻。

3. 古希腊家具（图1-12）

古希腊人生活节俭，家具简单朴素，采用严格的长方形结构，比例优美，装饰简朴，和古埃及家具一样，具有狮爪或牛蹄状的腿、平直的椅背、椅座等，但已出现丰富的织物装饰。古希腊家具常以蓝色为底色。上面绘以忍冬草叶、月桂、葡萄等装饰图案，并以象牙、金银、玳瑁等材料做镶嵌。

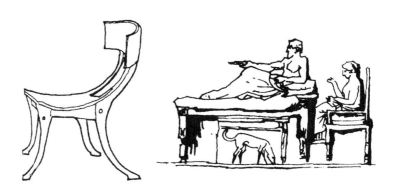

图1-12　古希腊家具

图1-13　古罗马家具

4. 古罗马家具（图1-13）

古罗马家具是古希腊样式的变体，但却有自己独特的民族特色。古罗马家具厚重，装饰复杂、精细，采用镶嵌与雕刻，旋车盘鹿脚、动物是狮身人面及带有翅膀的鹰头狮身的怪兽，桌子作为陈列或用餐，腿脚有小的支撑，椅背为凹面板；在家具中结合了建筑特征，采用了建筑处理手法，三腿桌和基座很普遍，使用珍贵的织物和垫层。

1.3.2　中世纪家具

中世纪（约公元476年—1453年），也是古罗马帝国的衰亡到文艺复兴兴起之前的这段时期。中世纪家具主要指拜占庭家具和哥特式家具。

1. 拜占庭家具

拜占庭家具继承了古罗马家具的形式，又融合了古埃及、古西亚风格，并掺和了波斯的细部装饰，以雕刻和镶嵌最为多见，有的则是通体施以浅雕。装饰手法常模仿罗马建筑上的拱券形式，装饰节奏感很强。

2. 哥特式家具

哥特式家具（图1-14）模仿哥特建筑上的某些特征，采用建筑的装饰主题，如拱、花窗格、细柱垂饰、雕刻品和镂雕，以华丽、俊俏、高耸的视觉形象营造出一种严肃、神秘的宗教气氛。哥特式家具通常采用的木材有橡木、栗木、胡桃木等。哥特式家具具有精美的雕刻装饰，几乎家具每一处平面空间都被有规律地划成矩形，矩形内布满了藤萝、花叶、根茎和几何图案的浮雕，这些纹样大多具有基督教的象征意义。

1.3.3 文艺复兴时期家具

文艺复兴时期的家具主要是指公元1453年至17世纪从意大利开始而后遍及于欧洲各国的家具形式。文艺复兴早期的家具具有朴素、庄重和威严的特点（图1-15）。其造型简洁，线条纯美古典，尺度适宜，家具表面多采用浅浮雕。为显其高贵，表面常涂饰金粉和油漆。文艺复兴中期的家具在早期家具的基础上更显古典，其图案精细优美，比例协调，家具表面有动物、花叶的深雕图案。文艺复兴后期的家具常用深浮雕和圆雕技法，并广泛采用各种图案进行装饰，如奇异的人像、兽像、植物花果等。

图1-14 哥特式家具

图1-15 文艺复兴时期的家具

1.3.4 巴洛克及洛可可家具

1. 巴洛克家具

巴洛克家具（图1-16）以法国路易十四时期的家具为代表。这一时期的家具和追求豪华感觉的室内装饰相结合，装饰豪华而有气度，家具的轮廓采用雕刻手法，图案多为动物、植物和涡卷纹饰；家具构件多用雕像代替，使家具显得有动感。家具的整体造型流畅优美、曲直相间，追求豪华、宏伟、奔放和浪漫的艺术效果。

图1-16 巴洛克家具

2. 洛可可家具

追求华贵装饰的洛可可家具（图1-17）继巴洛克样式之后，开始在欧洲流行。洛可可家具以自然界的动物和植物作为主要装饰语言，花和叶子的图案交错穿插，座面、靠背和扶手表面配以清淡柔和的植物饰面，形成一种极度华丽的艺术效果，具有宫廷贵族风格。

图1-17　洛可可家具

1.3.5　新古典家具

　　18世纪后期，出现了一种新的艺术风格——新古典主义风格。其艺术特点是线条清晰，造型严谨，装饰上更趋于简洁、单纯。新古典家具（图1-18）完全抛弃了洛可可时期的曲线造型和精细的装饰。形式多以朴素的四方形为主，即使采用曲线，也是较为规整的曲线，而非自由多变的曲线形式，其造型多带有建筑的特征，家具的腿也采用向下逐渐缩小，即上大下小的圆锥柱或方锥柱，而且上面还常刻有槽纹，整个家具显示出一种力量的美感。

图1-18　新古典家具

1.3.6　我国传统家具

　　我国传统家具的历史，可以追溯到约5600年前。根据象形文、甲骨文和商周代铜器的装饰纹样推测，当时已产生了几、榻、桌、案、箱柜的雏形。河南信阳春秋战国时期楚墓的出土文物及湖南长沙战国墓中的漆案、雕花木几和木床，反映当时已有精美的彩绘和浮雕艺术。从商周到秦汉时期，由于人们以席地跪坐方式为主，因此家具都很矮。魏晋南北朝时期，从晋朝顾恺之的《洛神赋图》和北魏司马金龙墓屏风漆画中，可知当时已有餐榻；敦煌壁画中凳、椅、床、榻等家具的尺度已加高。一直到隋唐时期，逐渐由席地而坐过渡到垂足座椅。唐代已制作了较为定型的长桌、方凳、腰鼓凳、扶手椅、三折屏风等，从顾闳中的《韩熙载夜宴图》中可以看到各种类型的几、桌、椅、靠背椅、三折屏风等。至五代时，家具在类型上已基本完善。宋辽金时期，从绘画（如宋代苏汉臣的《秋庭婴戏图》）和出土文物中反映出，高形家具已普及，垂足坐已代替席地而坐，家具造型轻巧，线脚处理丰富。北宋营造学家李诫的《营造法式》巨著，影响到家具结构形式。采用类似梁、

中国家具发展史（视频）

枋、柱、雀等形式。元代家具在宋代基础上有所发展。

明、清时期，家具的品种和类型已齐全，造型艺术也达到了很高的水平，形成了我国家具的独特风格，分别被称为明式家具和清式家具。

1. 明式家具

明式家具（图1-19）是我国传统家具发展史上辉煌时期的产品。其造型简练朴素、比例匀称、线条刚劲、功能合理、用材讲究、结构精致、高雅脱俗，艺术成就达到了极致。明式家具作为民族的精粹在我国古代家具史上占有极高的地位，从此，我国传统家具进入了一个前所未有的以"硬木家具"为代表的新纪元。

图1-19　明式家具

明式家具的造型有束腰和无束腰两类，大都采用榫卯结构，有利于木材的胀缩变形。其关键部位的尺寸完全符合人体工程学。在结构上沿用了中国古建筑的梁柱结构，多用圆腿支撑，四腿略向外侧，符合力学原理。

明式家具重视材料的纹理和色泽，断面形式十分讲究。装饰手法丰富多样，既有局部精微的雕镂，又有大面积的木材素面效果。构图对称均衡，图案多以吉祥图案为主，如灵草、牡丹、荷花、梅、松、菊、仙桃、凤纹、云水等。明式家具还采用了金属饰件，以铜居多。如拉手、画页、吊牌等多为白铜所制，并且很好地起到了保护家具的作用。

明式家具种类丰富多样，主要有床榻类、桌案类、椅凳类、橱柜类、台架类和屏座类等。

2. 清式家具

清式家具（图1-20）主要指乾隆到清末民初这一时期的家具。清式家具承袭和发展了明式家具的成就，但家具形象化简朴为华贵，造型趋向复杂繁琐，形体厚重，富丽气派。清式家具重视装饰，运用雕刻、镶嵌、描绘和堆漆等工艺手法，使家具表面效果更加丰富多彩。装饰题材繁多，以吉祥图案为主。家具用材讲究，常用紫檀、黄花梨、柚木等高档木材。

中国家具发展史

图1-20　清式家具

清式家具有三处重要产地，即北京、广州和苏州，它们各自代表一种风格，即京式、广式和苏式家具。京式家具因皇宫贵族的特殊要求，造型庄严宽大，威严华丽。广式家具用料粗大、充裕，讲究材种一致，装饰纹样丰富，形成了鲜明的近代特色和地域特征，很具有代表性。苏式家具风格秀丽精巧，比广式家具用料省，为节省名贵木材，常常杂用木料或采用包镶的方法。

1.3.7　现代家具

1. 现代家具的形成与发展

欧洲的工业革命为家具设计与制作带来了革命性的变化，制作水平日趋先进，生产规模不断扩大，"以人为本"的设计思想深入人心，这些因素都使得家具设计与制作更加人性化、大众化。1830年，德国人托耐特用蒸汽技术把山毛榉制成了曲木家具（图1-21），体现了生产技术的提高对现代家具产生的推动作用。以"现代设计之父"莫里斯为首的设计师在19世纪末到20世纪初的英国发起了工艺美术运动。工艺美术运动强调功能应与美学法则相结合，主张艺术家应从自然界中汲取设计素材，崇尚曲线，反对直线，反对模仿传统（图1-22）。随后荷兰风格派产生，主张家具设计应采用绘画中的立体主义形式，采用立方体、几何体、垂直线和水平面进行造型设计，反对曲线，色彩只用三原色及黑白灰等无彩色系列，用螺钉装配，便于机械加工（图1-23）。现代家具的真正形成是1910年德国包豪斯学院的诞生，包豪斯学院被称为"现代主义设计教育的摇篮"，其核心思想是功能主义和理性主义，肯定机器生产的成果，重视艺术与技术相结合，设计的目的是人而不是产品，要遵循科学、自然和客观的法则，产品要满足人们功能的需要，符合广大人民的利益。包豪斯学院不仅在理论上为现代设计思想奠定了理论基础，同时在实践运动中制作生产了大量的现代产品；培养了大量具有现代设计思想的著名设计师，为推动现代设计做出了不可磨灭的贡献。

图1-21　托耐特椅

图1-22　巴塞罗那椅

图1-23　红蓝椅

2. 现代家具的高速发展时期及面向未来的多元时代

20世纪60年代以后，欧洲工业进入高速发展的阶段，科技的快速发展，为人类社会的物质文明展示出一个崭新的时代，然而面对这样一个充满着电子、机械高速运行的社会，人们的设计思想反倒显得平乏、单调。基于人类的反思，自20世纪60年代中期，兴起了一系列的新艺术潮流，如"波普艺术""宇宙风格"等，这些艺术思潮在设计界产生了重大影响。"波普艺术"是相对于纯抽象艺术而论的一种大众化的写实艺术，在机械化社会环境中，"波普艺术"的丰富色彩和天真的造型为人们带来会心的微笑。"后现代主义"更是一针见血地批判着现代主义，"后现代主义"强调设计的复杂性和矛盾性，反对简单化、模式化，讲求文脉，追求人情味，崇尚用隐喻与象征的手法，大胆地运用装饰和色彩，把传统的构件组合在新的情景之中，让人产生复杂的联想。

家具设计在这一大潮流中也趋向怀旧、装饰、表现、多元和折中，呈现在人们面前的是五彩缤纷、百花齐放的新天地（图1-24～图1-29）。

图1-24 双人休闲椅

图1-25 球形椅

图1-26 骨骼椅

图1-27 孔雀椅

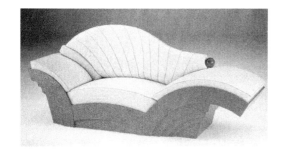

图1-28 玛丽莲·梦露沙发

图1-29 钢管软垫椅

🔗 延伸阅读与分享

分组调研最喜欢的一组中国传统家具，了解该家具的历史时期、风格特点、结构形式、材料特点、造型艺术、工艺特点，分析家具中蕴含着哪些艺术成就值得学习，最后小组制作相关PPT并进行分享。

第2章
家具设计基础

[内容提要]

    人体工程学在家具设计中具有很重要的指导作用，了解家具设计中的人体基本尺度，掌握几种基本家具类型的尺度，是设计合理家具的前提条件。家具造型的基本形式法则对于家具设计效果的好坏至关重要。本章主要介绍人体工程学在家具中的一些具体尺寸和基本尺度，以及家具造型的基本形式法则。

[知识目标]

◆ 了解人体的基本尺度和基本动作。

◆ 掌握家具设计的基本尺寸。

◆ 掌握造型设计的形式美法则。

[能力目标]

◆ 会利用家具的基本尺度进行家具设计。

◆ 会利用造型设计的形式美法则进行家具设计。

[素质目标]

    阅读典型人物（如王世襄先生和梁思成先生）的故事，学习他们严谨求实的科学态度，弘扬科学精神与敬业精神，培养爱岗敬业的实践态度和职业素养，塑造踏实严谨、耐心专注、吃苦耐劳、追求卓越等优秀品质。

现代家具设计中的传统
元素（视频）

2.1 人体工程学与家具

    人体工程学是一门研究人与机械及环境的关系的科学。从室内设计的角度来说，人体工程学的主要功用在于通过对生理和心理的正确认识使室内环境因素满足人类生活活动的需要。家具是室内环境因素的重要组成部分，家具设计中的尺度、造型、色彩及其布置方式必须符合人体生理、心理尺度及人体各部分的活动规律。为满足这些要求，设计家具时必须以人体工程学为指导，使家具符合人体的基本尺寸和从事各种活动需要的尺寸。

2.1.1 人体尺度

1. 人体的基本尺度

    人体的基本尺度是家具设计的基本依据，它主要有两类：人体结构尺寸和人体功能尺寸。人体的结构尺寸是静态尺寸，主要指人在站、坐、跪和卧四种基本姿态中的尺寸（图2-1～图2-3，表2-1～表2-3）。

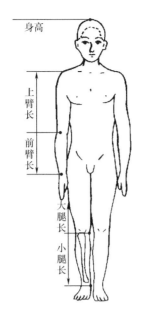

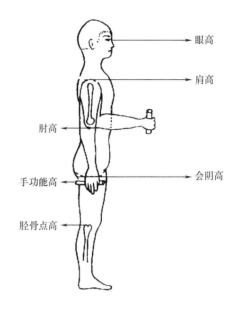

图2-1　人体结构尺寸——我国成年人人体主要尺寸　　　　　图2-2　人体结构尺寸——我国成年人立姿人体尺寸

表2-1　人体结构尺寸——我国成年人人体主要尺寸

测量项目	男（18～60岁）			女（18～55岁）		
	5%（累计百分数）	50%（累计百分数）	95%（累计百分数）	5%（累计百分数）	50%（累计百分数）	95%（累计百分数）
身高/mm	1583	1678	1775	1484	1570	1659
体重/kg	48	59	75	42	52	66
上臂长/mm	289	313	338	262	284	308
前臂长/mm	216	237	258	193	213	234
大腿长/mm	428	465	505	402	438	476
小腿长/mm	338	369	403	313	344	376

表2-2　人体结构尺寸——我国成年人立姿人体尺寸

测量项目/mm	男（18～60岁）			女（18～55岁）		
	5%（累计百分数）	50%（累计百分数）	95%（累计百分数）	5%（累计百分数）	50%（累计百分数）	95%（累计百分数）
眼高	1474	1568	1664	1371	1454	1541
肩高	1281	1367	1455	1195	1271	1350
肘高	954	1024	1096	899	960	1023
手功能高	680	741	801	650	704	757
会阴高	728	790	856	673	732	792
胫骨点高	409	444	481	377	410	444

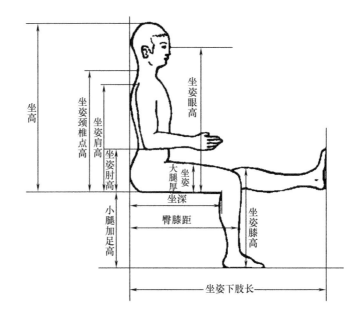

图2-3 人体结构尺寸——我国成年人坐姿人体尺寸

表2-3 人体结构尺寸——我国成年人坐姿人体尺寸

测量项目/mm	男（18~60岁）			女（18~55岁）		
	5%（累计百分数）	50%（累计百分数）	95%（累计百分数）	5%（累计百分数）	50%（累计百分数）	95%（累计百分数）
坐高	858	908	968	809	855	901
坐姿颈椎点高	615	657	701	579	617	657
坐姿眼高	749	798	847	695	739	783
坐姿肩高	557	598	641	518	556	594
坐姿肘高	228	263	298	215	251	284
坐姿大腿厚	112	130	151	113	130	151
坐姿膝高	456	493	532	424	458	493
小腿加足高	383	413	448	342	382	405
坐深	421	457	494	401	433	469
臀膝距	515	554	595	495	529	570
坐姿下肢长	921	992	1063	851	912	975

人体的功能尺寸是动态尺寸，是指人在进行某种功能活动时肢体所能达到的空间范围（图2-4）。它是由关节的活动、转动所产生的角度与肢体的长度协调产生的范围尺寸，对解决许多带有空间范围、位置的问题很有用处。

在我国，由于幅员辽阔、人口众多，人体结构尺寸随年龄、性别、地区的不同变化较大,同时随着时代的进步,也不断发生变化。家具设计必须掌握人体的结构尺寸,并根据地区和服务对象的不同而灵活地运用结构尺寸。虽然结构尺寸对家具设计很有用处,但对于大多数的设计问题,功能尺寸更具有广泛的用途,因为人总是在运动着,在使用功能尺寸时强调的是完成人体的活动时,人体各个部分是不分的,不是独立工作的,而是协调动作。

2. 人体的基本动作

人体的动作形态相当复杂而又变化万千,坐、卧、立、跳、旋转、行走等都会显示出不同形态所具有的不同尺度和不同的空间需求。从家具设计的角度来看,合理地依据人体一定姿态下的肌肉、骨骼的结构来设计家具,能调整人的体力损耗、减少肌肉的疲劳,从而极大地提高工作效率。

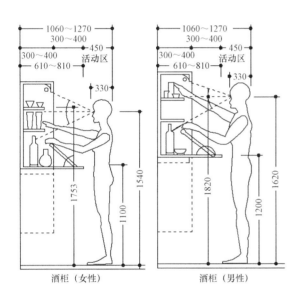
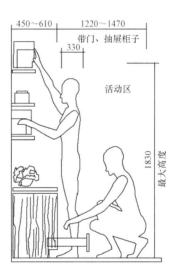

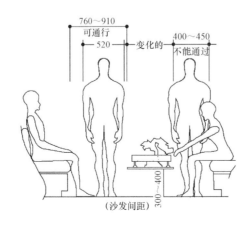

图2-4 人体功能尺寸

2.1.2 家具的基本尺度

合理的家具尺度对于人们的生活至关重要，掌握不当，会给使用者带来诸多不便，甚至影响身体健康。家具设计中的尺度、造型及其布置方式应符合人体生理、心理尺度及人体各部分的活动规律，以便达到安全、实用、方便、舒适、美观的目的。人体生理机能是家具设计的主要依据，家具根据人和物的关系，可划分为支撑人体活动的坐卧类家具；辅助人体活动、承托物体的凭倚类家具；贮存物品的贮存类家具。这些家具的设计与生产，必须依据人体尺寸及使用要求，以满足和实现人们生活的需要。

1. 坐卧类家具

坐卧类家具与人体直接接触，起着支撑人体的作用，如椅、凳、沙发、床等。它们的功能尺寸设计对人们是否坐得舒服、睡得安宁、提高工作效率有着直接关系，所以其设计要符合人的生理和心理特点，使骨骼肌肉结构保持合理状态，血液循环和神经组织不过分受压，尽量减少和消除产生疲劳的各种因素，从而使人的疲劳感降到最低。

（1）坐具的基本尺度与要求

坐具设计的关键包括座高、座深、座宽、座面的倾斜度、座椅靠背、靠背倾角、靠背高度、扶手高度。

1）座高：座高是指座前沿中间位置至地面的垂直距离，即座面前缘高度。座高是影响人们坐姿舒适程度的重要因素之一。座面过高，两腿悬空碰不到地面，体压有一部分分散在大腿，使大腿血管受到压迫，妨碍血压循环，容易疲劳。座面过低，使膝盖拱起，体压集中在坐骨上，时间久了会产生疼痛感（图2-5）。为了避免大腿下有过高的压力，座位前沿到地面或脚踏的高度不应大于脚底到大腿弯的距离。据研究，合适的座高应为小腿窝高加25～35mm鞋跟高后再减10～20mm，这样大腿轻微受压，小腿有一定的活动余地。

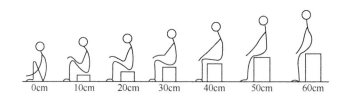

图2-5 凳子座高与腰椎活动强度

2）座深：座深是指椅子座面前沿至后沿的距离（图2-6）。座深对人体舒适感的影响很大。如座面过深，超过大腿水平长度，腰部缺乏支撑点而悬空，膝窝处受压而产生麻木的反应。座深尺寸应满足以下三个条件：臀部得到充分支撑；腰部得到靠背的支撑；座面前沿与小腿之间留有适当的距离。

座深取决于座位的类型。据研究，座深以略小于坐姿时大腿水平长度为宜。

3）座宽：座宽是指座面的横向宽度，往往呈前宽后窄的形状。

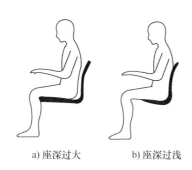

a) 座深过大　　　b) 座深过浅

图2-6　座深示意图

座宽应使人体臀部得到全面支撑并有一定的活动余地，使人能随时调换坐姿。座宽是由人体臀部尺寸加适当的活动范围而定的，一般在380～460mm，以人的手臂自然垂落舒适姿态为宜。

4）座面的倾斜度：座面的倾斜度对保持身躯的稳定性起着非常重要的作用。通常椅子座面稍向后倾，座面后倾有两个作用。首先座面后倾可以防止臀部逐渐滑出座面而造成坐姿稳定性差。其次由于重心力，躯干会向靠背后移，使背部有所支撑，减轻坐骨节点处的压力，使整个上身重量由下肢承担的局面得到改善，下肢肌肉受力减小，疲劳度减小。一般座椅的后坐角应为3°～5°，但目前办公或家庭使用的办公转椅等，可依据人体动作任意转动方向与角度，使人体自然向前后倾斜，腹部、臀部的肌肉全部放松，提高了工作效率。

5）座椅靠背：座椅靠背能够缓解体重对臀部的压力，减轻腰部、背部和颈部肌肉的紧张程度。座椅靠背是决定椅类家具是否舒服的根本要素。

6）靠背倾角：靠背倾角是指靠背与座位之间的夹角。在椅子的使用过程中，靠背倾角的增加能增强人体的舒适度。一般来说，靠背倾角越大，人体所获得的休息程度越高。一般靠背倾角在90°～120°范围内（图2-7）。

7）靠背高度：靠背高度可视椅子不同功能而定。最基本活动姿态所用的椅子可以不设靠背；简单靠背的高度，大约为125mm。靠背不宜太高，通常设置的靠背应低于肩胛骨下沿，高约460mm。过高则容易迫使脊椎前屈。

8）扶手高度：扶手的高度应合适（图2-8），一般扶手与座面的高度为200～250mm，同时扶手随着座面的倾斜度与靠背倾角而发生倾斜。扶手倾斜度一般为10°～20°，而扶手在水平方向的左右偏角为10°，一般与座面的形状吻合。

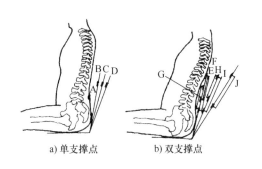

a) 单支撑点   b) 双支撑点

图2-7　人体与靠背10种最佳支撑条件

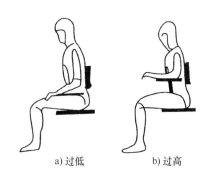

a) 过低   b) 过高

图2-8　扶手高度

（2）卧具的基本尺寸与要求

床是供人睡眠休息、消除一天疲劳、恢复体力和补充精力的主要用具。因此，床的设计必须要考虑床与人体生理机能的关系。

1）人体的卧姿结构特征：人体在仰卧时的骨骼肌肉不同于人体直立时的骨骼结构。人直立时，人体脊柱是最自然的姿势，背部和臀部凸出于腰椎 4~6cm，呈S形状；仰卧时，这部分差距减少至 2~3cm，腰椎接近于伸直状态。人体站立时，各部位重量在重力方向上相互叠加，垂直向下；但当人躺下时，人体各部位重量同时垂直向下，由于各部位的重量不同，因而各部位的沉量也不同。卧姿状态下，与床垫接触的身体部分受到挤压，其压力分布状况是影响睡眠舒适感的重要因素。如果支撑人体的垫子太软，重的身体部分（臀部）下陷就深，轻的身体部分则下陷小，这样使腹部相对上浮，造成身体呈W形，使脊柱的椎间盘内压力增大，导致难以入睡。因此，床的尺度及软硬度一定要适合支撑人体仰卧，使人体处于最佳的休息状态（图2-9）。

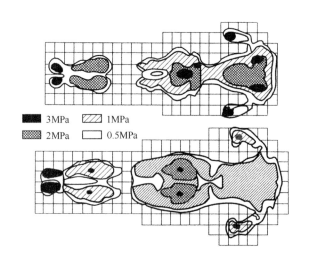

■ 3MPa　▨ 1MPa
▩ 2MPa　□ 0.5MPa

图2-9　床垫软硬不同的压力分布

为了使体压得到合理分布，实现舒适的卧姿，应选用缓冲性能好的床垫材料。现代家具中使用的床垫是由不同材料搭配的三层材料组成的。最上层与身体接触的部分是柔软材料；中间部分采用较硬的材料，保持身体整体水平上下移动；最下层在受到冲击时起吸振和缓冲作用，由具有弹性的钢丝弹簧组成。由这样三层结构组成的具有软中有硬特性的床垫，能够使人体得到舒适的休息。

2）卧姿时的人体尺度（图2-10）：人在睡眠时，身体并不是处于静止状态，而是频繁地翻身，因此，人在睡眠时的身体活动空间大于身体本身。

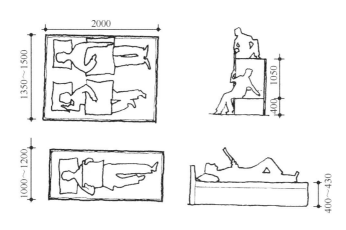

图2-10 床的尺度

床宽：床的宽度与人的睡眠效果关系密切，床的宽窄直接影响人睡眠时的翻身活动。通过脑波观测睡眠深度与床宽的关系，发现床宽的最小界限应是700mm，比这个宽度窄时，睡眠深度会明显减小，影响睡眠质量。实际上，日常生活中的床的宽度都大于这个尺寸。一般以仰卧时人肩宽的2.5~3倍来设计床宽。例如，我国成年男子平均肩宽为410mm，按公式计算，单人床的宽度应为1000mm。

床长：为了使床能满足大部分人的身长需要，床长应以较高的人体作为标准进行设计。一般床的长度可按下列公式进行计算：

$$L(床长) = h(平均身高) \times 1.05 + \alpha(头前余量) + \beta(脚后余量)$$

床高：床高指床面距地面的垂直高度。床铺以略高于使用者的膝盖为宜，一般床高在400~500mm之间。床的高度与椅座的高度一致，使之同时具有坐卧功能。同时还要考虑就寝、起床等动作的需要。双层床的层间净高必须保证下铺使用者在就寝和起床时有足够的动作空间，但又不能过高，过高会造成上、下床的不便和上空间的不足。按国家标准 GB/T 3328—1997，底床铺面离地面高度不大于420mm，层间净高不小于950mm。

2. 凭倚类家具

凭倚类家具与人体的关系很密切，起着辅助人体活动和承载物品的作用。

不论是坐着工作还是站着工作，都存在着一个凭倚最佳工作面高度的问题。工作面的高度是决定人工作时的身体姿势的重要因素，不合适的工作面高度将影响人的姿势，引起身体的歪曲，以致腰酸背痛。

（1）站立作业工作面的基本要求与尺度

站立工作时，工作面的高度决定了人的作业姿势。一般情况下，前臂以接近水平状态或略下斜的作业面高度为佳。按我国人体的平均身高，一般站立作业时工作面高度为910~965mm；而对于重负荷作业，其工作面高度可以稍降低20~50mm，甚至更低一些。

（2）坐姿作业工作面的基本要求和尺度

高度：桌子的高度尺寸是最基本的尺寸之一，也是保证桌子使用舒适的首要条件。不合适的桌面高度容易造成脊椎的侧弯和眼睛的近视，从而降低工作效率。桌子过高或过低，都会使背部、肩部肌肉紧张而产生疲劳。一般桌子高度应与椅子座高保持一定的比例关系，设计桌高的合理方法是先有椅座高，再加上桌与椅之间的高度差，即：桌高=座高+桌椅高差（坐姿时上身高度的1/3）（图2-11）。

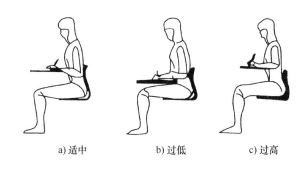

a)适中　　　　　b)过低　　　　　c)过高

图2-11　桌子高度示意图

桌椅面的高差是根据人体测量而确定的。但由于人种高度的不同，该值也不一样，我国的标准和欧美的标准就不相同。1979年，国际标准化组织（ISO）确定桌椅高差为300mm，我国的确定值是292mm。

桌面尺寸：一般来讲，桌面尺寸是以人的坐姿状态下上肢的水平活动范围为依据的。有时还要根据功能要求和所放置物品的多少来确定。尤其对于办公桌，太小没有足够的面积放置物品，不能保证有效的工作秩序，从而影响工作效率。但太大的桌面尺寸，超过了手所能达到的范围，造成使用不方便。较为适宜的尺寸是长1200~1800mm，宽600~750mm。餐桌宽度可达800~1000mm。

如果是多功能的或工作时需配备其他物品、书籍的桌面，还需要再添加附加装置。对于阅览桌、课桌类的桌面，最好有约15°的倾斜，能使人获得舒适的视域和保持人体正常的姿势。

容腿空间：桌台类家具台面下方到支撑面有一块空间用于坐姿时腿

部和足部的摆放，称为容腿空间。坐姿使用的桌台的下部均应留出容腿空间，以保证膝部有一定的活动余地。

坐姿时容腿空间的高低值取决于与桌类家具配套使用的座椅的高度以及使用者的大腿厚度，因为要保证容腿空间能舒适地放下双腿，必须保证坐姿时大腿的最高点在此空间内有足够的区域放置，并留有一定的活动余量。容腿空间的宽度不仅要保证腿部在人稳定地坐在座椅上时感到舒适，而且还要预留人在坐姿和站姿之间转换时需要的空间，一般容腿空间的宽度不应小于520mm。国家标准 GB/T 3326—1997规定，桌下容腿空间净高大于580mm，净宽大于520mm。

3. 贮存类家具

贮存类家具是人们用以收藏、存放日常生活中各种物品的家具。根据存放物品的不同，贮存类家具又可分为柜类家具和架类家具两种。柜类家具主要有：壁柜、衣柜、壁橱、床头柜、书柜、碗柜、酒柜等；架类家具主要有：书架、食品架、陈列架、衣帽架等。

日常生活用品的贮存和整理，应以人体的尺度和合理存放物品的需要为依据。

1）人体对贮存类家具的要求：人收藏、整理物品的最佳幅度或极限，一般以站立时手臂上下、左右活动能达到的范围为准。根据这个要求，可将贮存类家具的高度分为三个区域：第一区域在590～1880mm 高度范围内，视线最容易看到，存放物品最为方便，通常存贮使用频率最高的物品；第二区域在590mm 高度以下，存贮物品不太方便，人必须蹲下才能操作，所以常贮存不常用的且较重的物品，也可放置鞋子等杂物；第三区域在1880～2400mm 高度范围内，位置较高，人要站在一定的高度才能存取物品，所以，宜存放不太重而又不常存取的物品（图2-12）。

2）贮存类家具与贮存物的关系：在确定贮存类家具的外围尺寸

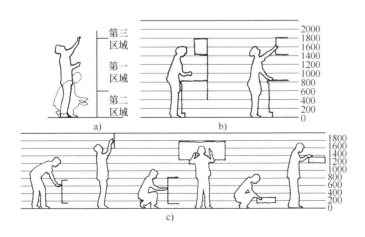

图2-12 贮存类家具的高度

时，主要以人体的基本尺度为依据，同时还应考虑到存放物品的种类、数量和存放方式，以保证所存放物品的条理性，促进生活安排的合理有序。

各种物品都有不同的尺寸比例及不同的贮存方式，针对众多的物品种类和不同尺寸，贮存类家具可以分门别类地合理确定设计的尺度范围。根据国家标准 GB/T 3327—1997对柜类家具的某些尺寸做出限定，见表2-4。

表2-4 柜类家具尺寸限制

类 别	限定内容	尺寸范围/mm	级 差/mm
衣柜	挂衣空间宽	≥530	—
	挂衣棒上沿至底板表面的距离	≥900（挂短衣） ≥1400（挂长衣）	—
	顶层抽屉上沿离地面	≤1250	—
	底层抽屉下沿离地面	≥50	—
	抽屉深	≥400	—
书柜	宽	600～900	50
	深	300～400	20
	高	1200～2200	第一级差200 第二级差50
	层间净高	(1)≥230 (2)≥310	—
文件柜	宽	450～1050	50
	深	400～450	10
	高	(1)370～400 (2)700～1200 (3)1800～2200	—

2.2 家具造型的形式法则

2.2.1 造型要素

现代家具既是一种具有物质实用功能与精神审美功能的工业产品，又是一种必须通过市场进行流通的商品，家具的实用功能与外观造型直接影响到人们的购买行为。而外观造型式样能最直接地传递美的信息，通过视觉、触觉、嗅觉等知觉要素，激发人们的愉快的情感，使人们在使用中得到美的感受与舒适的享受，从而产生购买欲望。造型的基本要素主要包括点、线、面、体、色彩、质感。

1. 点

点是形态构成中最基本的构成单位。在几何学里，点是理性概念，形态是无大小、无方向、静态的，只有位置。而在家具造型设计中，点是有大小、方向，甚至有体积、色彩、肌理质感的，在视觉与装饰上产生亮点、焦点、中心的效果。在家具与建筑室内的整体环境中，凡相对于整体和背景比较少的形体都可称为点。例如，一组沙发与茶几的家具整体构成，一个造型独特的落地灯就成为这个局部环境中的装饰要点。

点在家具造型中应用非常广泛，它不仅是功能结构的需要，而且也是装饰构成的一部分。如柜门、抽屉上的拉手、门把手、锁型、软体家具上的包扣与泡钉，以及家具的五金装饰配件等，相对于整体家具而言，它们都以点的形态特征呈现，是家具造型设计中常用的功能性附件。在家具造型设计中，可以借助于点的各种表现特征，加以适当的运用，从而达到很好的效果（图2-13）。

图2-13　我国传统家具的金属附件作点的装饰

2. 线

在几何学的定义里，线是点移动的轨迹。在造型设计上各类物体所包括的面及立体，都可用线表现出来，线条的运用在造型设计中处于主宰地位，线条是造型艺术设计的灵魂。线的曲直运动和空间构成能表现出所有的家具造型形态，并表达出情感与美感、气势与力度、个性与风格。

在家具风格的演变过程中，我国古典家具及其雕刻、洛可可风格的家具等都是曲线美造型在家具中的成功应用典范（图2-14）。

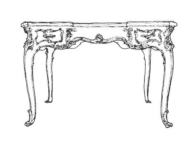

图2-14　线的造型

3. 面

面是点的扩大或线的移动而形成的，面具有二维空间（长度和宽度）的特点。面可分为平面与曲面。平面有垂直面、水平面与斜面；曲面有几何曲面与自由曲面。不同形状的面具有不同的情感特征。正方形、正三角形、圆形具有简洁、明确、秩序的美感。多面形是一种不确定的平面形，边越多越接近曲面，曲面形具有温和、柔软、亲切和动感的特性，软体家具、壳体家具多用曲面线。面是家具造型设计中的重要构成因素。在家具造型设计中，我们可以灵活、恰当地运用各种不同形状的面以及不同方向的面的组合，以构成不同风格、不同样式的丰富多彩的家具造型。

4. 体

按几何学定义，体是面移动的轨迹。在造型设计中，体是由面围合起来所构成的三维空间（具有高度、深度及宽度）。

在家具造型设计中，正方体和长方体是用得最广的形态，如桌、椅、凳、柜等。在家具设计中要充分注意体块的虚实处理给造型设计带来的丰富变化。同时，在家具造型中多为各种不同形状的立体组合构成的复合型体，在家具的立体造型中凹凸、虚实、光影、开合等手法的综合应用可以搭配出千变万化的家具造型（图2-15）。

图2-15　体的应用

5. 色彩

家具色彩主要体现在木材的固有色，家具表面涂饰的油漆色，人造板材贴面的装饰色，金属、塑料、玻璃的现代工业色及软体家具的皮革、布艺色上。

（1）木材的固有色

木材作为一种天然材料，它的固有色成为体现天然材质肌理的最好媒介。木材种类繁多，其固有色也十分丰富，有淡雅、细腻，也有深沉粗犷，但总体上是呈现温馨宜人的暖色调。在家具应用上，常用透明的涂饰以保护木材固有色和天然的纹理。木材固有色具有与环境及人类自然和谐的特点，给人以亲切、温柔、高雅的情调，是家具的恒久不变的主要色彩。

（2）家具表面涂饰的油漆色

家具大多需要进行表面深涂油漆。一方面，是保护家具免受大气光照影响，延长其使用寿命；另一方面，家具油漆在色彩上起着重要的美化装饰作用。

（3）人造板材贴面的装饰色

随着人类保护环境意识的不断提高，在现代家具的制造中开始大量使用人造板材。因此，人造板材的贴面材料色彩成为现代家具中的重要装饰色彩。人造板材的贴面材料及其装饰色彩非常丰富，有高级珍贵的天然薄木贴面，也有仿真印刷的纸质贴面，最多的是防火塑料面板贴面。这些贴面人造板材对现代家具的色彩及装饰起着重要作用，在设计上可供选择和应用的范围很广，也很方便，主要根据设计与装饰的需要选配成品，不需要自己调色。

（4）金属、塑料、玻璃的现代工业色

现代工业标准化批量生产的金属、塑料、玻璃家具充分体现了现代家具的时代色彩。金属的电镀工艺、不锈钢的抛光工艺、铝合金静电喷涂工艺所产生的独特的金属光泽，塑料的鲜艳色彩，玻璃的晶莹剔透，这几类现代工业材料已经成为现代家具制造中不可缺少的部件和色彩。随着现代家具的部件化、标准化生产，越来越多的现代家具成为木材、金属、塑料、玻璃等不同材料配件的组合，在材质肌理、装饰和色彩上显露出相互衬托，交映生辉的艺术效果。

（5）软体家具的皮革、布艺色

软体家具中的沙发、靠垫、床垫在现代室内空间中占有较大面积，因此，软体家具的皮革、布艺等覆面材料的色彩与图案在家具与室内环境中起着非常重要的作用。特别是随着布艺在家具中使用的逐步流行，由于现代纺织工业所生产的布艺种类及色彩极其丰富，为现代软体家具增加了越来越多的时尚流行色彩，是非常值得现代家具设计师注意和选配的装饰色彩和用料。

家具不是孤立的一件或一组成套家具，家具与室内空间环境是一个整体的空间，所以家具色彩应与室内整体的环境色调和谐统一。家具与墙面、地面、地毯、窗帘、布艺、空间环境（办公、居家、餐饮、旅馆、商业……）都有密不可分的关系。设计单体或成套家具的色彩时，必须综合考虑家具所处的建筑空间环境的色调。

6. 质感

质感是家具材料表面的三维结构产生的一种感觉，用来形容物体表面的肌理。质感有触觉肌理和视觉肌理，材质肌理是构成家具工艺美感的重要因素与表现形式。

不同的材料有不同的质感，即使同一种材料，由于加工方法的不同也会产生不同的质感。为了在家具造型设计中获得不同的艺术效果，可以将不同的材质配合使用，或采用不同的加工方法，显出不同的质感，丰富家具造型，达到工精质美的艺术效果。

2.2.2 家具造型法则

在现代社会中，家具已经成为艺术与技术结合的产物。家具造型设计的形式美法则是在几千年的家具发展历史中由无数前人和大师在长期的设计实践中总结出来的，并在家具造型的美感中起着主导的作用。

家具造型设计的形式美法则有：变化与统一、比例与尺度、均衡与稳定、仿生与模拟、错觉及其应用。

1. 变化与统一

变化与统一是适合于任何艺术表现形式的普遍法则，也是最为重要的构图法则。变化是在整体造型元素中寻找差异性，使家具造型更加生动、鲜明、富有趣味性。统一是指在家具设计中整体和谐、条理、形成主要基调与风格。统一是前提，变化是在统一中求变化。单有变化容易造成杂乱无章、涣散无序之感，而仅仅是统一又会觉得单调、贫乏、呆板。只有变化与统一相结合，才能给人以美感。从变化和多样中求统一，在统一中又包含多样性，力求统一与变化的完美结合，力求表现形式丰富多样而又和谐统一，这便是家具造型设计必须遵循的表现手法。

2. 比例与尺度

（1）比例的概念

任何形状的物体，都存在长、宽、高的度量，即三维空间尺寸。比例就是指物体长、宽、高三维空间尺寸之间，局部和整体之间，局部和局部之间的匀称关系。

家具造型的比例包含两方面的内容：一是家具与家具之间的比例，需要注意建筑空间中家具的长、宽、高之间的尺寸关系，体现出整体协调高低参差，错落有序的视觉效果；二是家具整体与局部、局部与部件的比例，需要注意家具本身的比例关系和彼此之间的尺寸关系。比例匀称的造型，能产生优美的视觉效果与功能的统一，是家具形式美的关键因素之一。

（2）尺度的概念

尺度是指尺寸与度量的关系，与比例密不可分。在造型设计中，单纯的形式本身不存在尺度，整体的结构几何形状也不能体现尺度单位，只有在导入某种尺度单位或在与其他因素发生关系的情况下，才能产生尺度的感觉。如画一长方形，它本身没有尺度感，在此长方形中加上某种关系，或是人们所熟悉的带有尺寸概念的物体，该长方形的尺度概念就产生了。如在长方形中加一扇玻璃门，再加上门把手，就形成了一扇门，或者将长方形分割成一橱柜，该长方形的尺度感就会被人感知。

因此，家具的尺度必须引入可比较的度量单位，或者与所陈设的空间并与其他物体发生关系时才能明确其概念。最好的度量单位是人体尺度，因为家具是以人为本，为人所用，其尺度必须以人体尺度为准。

　　3. 均衡与稳定

　　所谓均衡，是指物体左、右、前、后之间的轻重关系；而稳定则是指物体上、下之间的轻重关系。研究均衡与稳定的目的就是要正确处理家具形体中各部分的体量关系，以获得均衡而又不失生动、稳定且又轻巧的效果。

　　均衡有两大类型，即静态均衡与动态均衡。静态均衡是沿中心轴左右构成的对称形态，是等质、等量的均衡，静态均衡具有端庄、严肃、安稳的效果。动态均衡是不等质、不等量、非对称的平衡形态，动态均衡具有生动、活泼、轻快的效果。

　　要获得家具的均衡感，最普遍的手法就是以对称的形式安排形体。对称的形式很多，在家具造型中常用的对称形式有如下几类：镜面对称、轴对称、旋转对称。用镜面对称、轴对称和旋转对称格局设计的产品，普遍具有整齐、稳定、宁静、严谨的效果，如处理不当，则有呆板的感觉。对于相对对称的形体，则要求利用表面分割的妥善安排，借助虚实空间的不同重量感、不同材质、不同色彩造成的不同视觉来获得均衡的效果。

　　对于不能用对称形体安排来实现均衡的家具，常用动态均衡的手法达到平衡。动态均衡的构图方法之一是等量均衡，即在中心线两边的形体和色彩不相同的情况下，通过组合单体或部件之间的疏密、大小、明暗及色彩的安排，对局部的形体和色彩作适当调整，把握形势均衡，使其左右视觉分量相等，以求得平衡效果。这种均衡是对称的演变，在大小、数量、远近、轻重、高低的形象之间，以重力的概念予以平衡处理，具有活泼优美的特征。动态均衡的构图手法之二是异量均衡，形体中无中心线划分，其形状、大小、位置可以不相同。在家具造型中，常将一些使用功能不同、大小不等、方向不一、组成单体数量不均的体、面、线作不规则的配置。有时，将一侧设计得高一点而窄一点，另一侧低一点而宽一点，以使其在整体上显得均衡。有时，一边用一个大体量或大面积与另一侧的几个小体量或小面积相配合，借以获得均衡。尽管它们的大小、形状、位置各异，但在气势上却取得了平稳、统一、均衡的效果。这种异量均衡的形式比同量形式的均衡，具有更多的可变性和灵活性。

　　在设计中，家具的均衡还必须考虑另外一个很重要的因素——重心。好的均衡表现，需有稳定的重心。它能给外观带来力量、稳定和安全感。家具造型设计形体必须符合重心靠下或具有较大底面积的规律，使家具保持一种稳定的感觉。轻巧，则是在稳定的外观上赋予活泼的处理手法，主要指家具形体各部分之间的大小、比例、尺度、虚实所表现的协调感。稳定与轻巧是家具构图的法则之一，也是家具形式美的构成要素之一。

4. 仿生与模拟

现代家具造型设计在遵循人体工程学原则的前提下，运用仿生与模拟的手法，借助于自然界的某种形体或生物、动物、植物的某些原理和特征，结合家具的具体造型与功能，进行创造性的设计与提炼，使家具造型样式体现出一定的情感与趣味，更加具有生动的形象与鲜明的个性特征，特别是给人在观赏与使用中产生美好的联想与情感的共鸣（图2-16）。

现代仿生学的介入为现代设计开拓了新的思路，通过仿生设计去研究自然界生物系统的优异功能、美好形态、独特结构、色彩肌理等特征，有选择地运用这些特征原理，设计并制造出美的产品。在建筑与家具设计上，许多现代经典设计都是仿生设计。如澳大利亚悉尼歌剧院的造型，像贝壳，又像风帆；澳大利亚天才设计师马克·纽森的生物形态椅子；日本家具设计师雅则梅田的玫瑰椅等（图2-17）。

图2-16　斑马椅

图2-17　玫瑰椅

5. 错觉及其应用

观察注意对象所得到的印象与实际注意对象出现差异的现象，叫视错觉。在视错觉中以几何图形的错觉最为突出，包括关于线条的长度和方向的错觉、图形的大小和形状的错觉等。

形成视错觉的原因有多种，可以是在快中见慢、在大中见小、在重中见轻、在虚中见实、在深中见浅、在矮中见高。但它们的最终结果，都是使人或者动物形成错误的判断和感知。所以，有效地利用视错觉，针对性地采取改善措施，有利于提高日常生活中的认知和识别能力。为了避免视错觉所造成的家具视觉效果的差异，必须运用错觉的规律，事先予以处理和利用。

家具设计中的错觉应用如下：

（1）以低衬高

以低衬高是在家具设计中最为常用的一种视错觉处理办法。

（2）冷色调降温

冷色调降温实质上属于色彩心理学的内容，但也是利用视错觉原理的一种办法。例如，当家具大面积使用天蓝色时，人们就会觉得温度比实际温度低 2~3℃(感觉)。

（3）粗中见细

在实木家具等光洁度比较高的材质边上放置一些粗糙的材质，那么光洁的材质就会越显得光洁无比。这就是对比下形成的视错觉。

在家具设计中，很多时候为了产生特殊或更好的效果，或为了改善某种缺陷而利用视错觉。但需要注意的是，视错觉的利用不能泛滥，大量地、过分地使用视错觉，会引起视幻觉。视幻觉就是视觉出现毫无事实根据的想象，它是一种不健康的视觉状态。例如，我们在居室中大量地使用镜子，镜子又分大大小小各种形状的拼块，这样过分的视错觉就会扭曲人的正确判断，以至认为真的也是假的，但又不能确定假的是不是真的，人的眼睛就会出现持续、不健康的视错觉，长期生活在这种视错觉环境中，会引起健康问题。

延伸阅读与分享

分组搜集最喜欢的一位典型人物的资料，分享其励志故事，并说明自己最喜欢他（或她）的原因，最后小组制作相关PPT并进行分享。

第3章
家具的材料与结构

[内容提要]

不同材料的功能、属性、特点以及用途，能够满足家具的不同功能要求。现代家具的结构类型是表现家具形式的一个主要组成部分。本章主要介绍制作家具的常用材料、家具的结构类型以及家具的不同部位构造。

[知识目标]

◆ 了解家具设计的常用材料。
◆ 掌握各种家具的结构类型。
◆ 掌握常用家具的部件构造。

榫卯——中国人骨子里的工匠精神（视频）

[能力目标]

◆ 能识别家具常用材料的特点、性能、优缺点，并进行比较分析。
◆ 能识别不同家具结构类型的特点与形式，并进行比较分析。
◆ 能识别不同家具部件构造的特点与形式，并进行比较分析。

[素质目标]

通过观看《大国工匠》视频，以及榫卯的发展历史、典型榫卯结构解析、生产制作等视频，了解中国木匠的感人故事，理解工匠精神的内涵，挖掘、整理中国木匠的设计理念和系统思维，弘扬中国工匠精神。

3.1 常用材料

在制作家具的过程中，材料是构成家具的物质基础，同时在反映家具的造型、风格和形式等方面也具有重要的作用。所以，了解不同材料的功能、属性、特点以及用途，并利用各种材料来满足家具功能的要求，成为家具设计的重要手段。

3.1.1 木材与木制品

木材是制作家具的主要材料。木材作为一种天然材料，它独特的结构决定了木材具有其他材料无法比拟的优点。随着木材资源的短缺以及木材综合利用的迅速发展，出现了各种人造板材及其复合材料。

1. 木材的特点

（1）木材的优点

1）质地较轻，抗压强度大。一般木材的密度为 $0.4\sim0.8g/cm^3$，比金属要轻许多，但其顺纹的抗压强度却很大，平均为 39.89 MPa。

2）易加工和涂饰。木材经采伐、干燥后可直接加工，同时易于着色和涂饰。

3）具有天然美丽的色泽和花纹。

4）对电、热的传导性低。

5）具有可塑性，可以对实木进行软化处理，弯曲成形，生产曲木家具。

（2）木材的缺点

1）木材是吸湿性材料，受空气温度与湿度影响易干缩湿胀。

2）木材具有各向异性，由于部位不同，其性质亦有差异，使木材的使用和加工受到了限制。

3）木材易腐蚀及虫蛀，并且易燃烧。

2．家具木材的选用原则

1）纹理细致美观，色泽均匀，重量适中。

2）物理性能良好，胀缩变形小。

3）易于切削加工，弯曲性能良好。

4）具有良好的胶接及涂饰性能。

在家具生产中，其外部用材常常选用材质坚硬、纹理清晰、涂饰性能和加工性能好的木材；而家具内部用材要求较低，质地和纹理不像外部用材那样严格。目前，我国家具生产常用的树种有红松、白松、榆木、柞木、椴木、桦木、水曲柳、黄菠萝、杉木、柚木、柏木、榉木、香樟、紫檀、柳安和花梨木等。

3．各种板材

（1）板材

矩形断面的宽度与厚度之比大于三的木材常划为板材。按断面厚度分类，板材可分为薄板、中板、厚板和特厚板。

1）薄板：断面厚度在 18mm 以下。

2）中板：断面厚度在 19~35mm 之间。

3）厚板：断面厚度在 36~65mm 之间。

4）特厚板：断面厚度在 66mm 以上。

（2）方材

宽度不足厚度三倍的成材称为方材。

根据材面宽度、厚度乘积的大小，可分为小方、中方、大方、特大方。

1）小方：宽度、厚度乘积在 54cm² 以下。

2）中方：宽度、厚度乘积在 55~100 cm² 之间。

3）大方：宽度、厚度乘积在 101~225 cm² 之间。

4）特大方：宽度、厚度乘积在 226 cm² 以上。

（3）薄木

厚度为 0.1~12mm 的木材称为薄木。生产薄木的方法有三种：用锯切的方法得到的薄木称为锯制薄木；用旋切的方法得到的薄木称为旋制薄木；用刨切的方法得到的薄木称为刨制薄木。

4. 人造板材类

人造板是利用木材采伐剩余物和加工剩余物生产的产品。在国内，人造板在家具中的应用占有相当大的比重，已成为家具工业的主要表面装饰与结构材料。人造板的种类很多，家具工业中常用的包括胶合板、纤维板、刨花板和细木工板。

（1）胶合板

胶合板由杂木皮和胶水通过层压而成，一般压合时采用横、竖交叉压合，目的是增强强度。一般12厘板以上厚度要求9层以上，10厘板要求5层以上。胶合夹板按类别分为四类，即耐气候、耐潮胶合板为Ⅰ类，耐水胶合板为Ⅱ类，耐潮胶合板为Ⅲ类，不耐潮胶合板为Ⅳ类。不同类胶合板的价格相差较大，应依不同用途选配。

（2）纤维板

纤维板由木材经过纤维分离后热压复合而成。它按密度分为高密度板、中密度板，平时多使用中密度纤维板，相对密度约为0.8。它的优点为表面较光滑，容易粘贴波音软片、喷胶粘布，不容易吸潮变形；缺点是有效钻孔次数不及刨花板，价格也比刨花板高5%~10%。

（3）刨花板

刨花板是将木材加工过程中的边角料、木屑等切削成一定规格的碎片，经过干燥，拌以胶粘剂、硬化剂、防水剂，在一定的温度下压制而成的一种人造板材。一般质量的刨花板以木材刨花原料制造，由芯材层、外表层及过渡层构成。外表层中含胶量较高，可增加握钉力、防潮性，由于刨花板加工过程中运用胶料及一定溶剂，故含有一定的苯成分，按其含量不同分为E0、E1、E2级，同时刨花板中还包括防潮型刨花板，价格略高于普通刨花板。

（4）细木工板

细木工板由芯板拼接而成，两个外表面为胶板贴合。细木工板的握钉力比胶合板、刨花板高，价格也比胶合板、刨花板高。它适合做高档柜类家具，加工工艺与传统实木差不多。

3.1.2 金属材料

金属材料因其工艺简单、造型新颖、可塑性强、焊接性高等特点，大量用于家具制作中。在实际生活中主要使用铁碳合金。

1. 铸铁

铸铁因其具有耐变形、强度高、耐磨性好、硬度高、价格低、寿命长等特点，常用于家具的支架和底座部分。

2. 铝合金

以铝为基础，加入一种或几种其他元素构成的合金称为铝合金。铝合金密度低、强度大、并且具有良好的耐磨与抗腐蚀性，加工性能良好，可制成管材、型材和各种嵌条，大量应用于家具的结构构件和装饰构件等部位。根据生产工艺，铝合金可分为变形铝合金和铸造铝合金，应用于家具的主要是变形铝合金中的防锈铝合金。

3. 不锈钢

钢铁中含铬达到12.5%时即为不锈钢，铬含量越高，其抗腐蚀性越好。它由于质地坚硬、可塑性强、外观好等特点被大量地运用到家具中。在实际生活中，不锈钢通常被制成板材、管材及其他型材直接用于家具制造。

3.1.3 塑料

塑料是一种有机高分子化学材料。由于现代塑料加工成形技术的不断提高，塑料在家具工业中的应用日益广泛。

1. 塑料的特性

（1）塑料的优点

1）质量轻、强度高。一般塑料的密度在 0.83~2.2g/cm^3，只有钢的1/8~1/4，铝的1/2左右。但其强度却可以与钢材相比。

2）成形简便。可一次性浇注成形，生产工艺简单。

3）化学稳定性好。有良好的抗腐蚀、耐磨、耐水、耐油性能。

4）色彩丰富。

（2）塑料的缺点

塑料具有许多明显的缺点，如耐热和耐老化性能较差，在阳光、空气或某些介质的作用下，易发生老化现象。

2. 常用塑料的种类及性能

由于塑料的品种繁多，家具制作中的塑料用材主要选择强度及刚性较好的品种，还要使塑料的表面处理及颜色符合家具的装饰要求，同时使塑料具有良好的加工性能，便于批量生产等。

常用于家具生产的塑料有聚氯乙烯、聚乙烯、聚丙烯、ABS。

1）聚氯乙烯：通称PVC，产量在塑料中居第一，是一种具有较好强度的热塑性塑料。有硬质和软质两种不同的品种，塑料家具以硬质为主要原材料。

2）聚乙烯：通称PE，分高压、中压、低压三种，有良好的化学稳定性和摩擦性能，吸水性小，易成形，但承受荷载能力小。低压品种质地坚硬，可作结构材料用。

3）聚丙烯：通称PP，热塑性材料，主要特点是密度小，刚性高，耐热性好，易成形，但收缩率较大，低温时易脆断。

4）ABS：具有质地硬、刚性高、重量轻的综合性能，并且具有耐水、耐热、阻燃、不变形、不收缩等优点，可刨、可锯，易于加工，是家具制作中运用最广泛的材料之一。

3.1.4 竹与藤

1. 竹材

竹材属于禾本科竹亚科植物，目前全世界记录的有50多属，1200多种。竹子生长得比树木快很多，仅需三五年时间便可加工利用，因而从供应上来看，竹子是"取之不尽，用之不竭"的天然资源。

（1）家具用竹材的优点

1）较高的力学强度。

2）较强的韧性和弹性。

3）较好的抗弯能力。

（2）家具用竹材的缺点

竹材虽然有许多优点，但同时也具有易虫蛀、腐朽、吸水、开裂、易燃和弯曲等缺陷，所以作为家具用材时需对其进行处理。

2. 藤材

藤是椰子科蔓生植物。它的茎是植物中最长的，质轻而且柔软，有极好的弹性，群生于热带丛林中。一般长至2m左右都是笔直的，藤茎上长有1~4mm长的刺，藤的长度可达到200m以上，粗为4~6mm。

（1）藤材的构造

1）藤皮：指藤茎外面的厚0.5~1.0mm的层，其密度、强度远远大于藤芯部分。

2）藤芯：是藤茎去掉藤皮后剥下的部分，根据断面外形的不同，可分为圆芯、半圆芯、扁平芯、方芯和三角芯等数种。

（2）藤的质量因素

影响藤质量的因素有很多，因为各产藤区有不同的原藤分级规定，但都会考虑的一些基本因素有：直径、长度、颜色、缺陷（变色、机械损伤、虫孔等）、柔韧性、直径的均匀性及节部的隆起程度。

3.1.5 辅助材料

家具制作除了主要材料外，还需要许多辅助材料共同配合才能完成，尤其在现代家具向板式和拆装结构发展的今天，辅助材料的作用更是重要。

辅助材料主要包括胶粘剂、五金、涂料、覆面和封边等材料。

3.2 家具的结构类型

现代家具的类型很多，按结构形式可分为：框架式结构、板式结构、拆装结构、折叠结构、薄壳结构、充气结构等。

3.2.1 框架式结构

我国传统家具主要采用框架式结构，如椅、凳、桌、几、古代的柜、床等均为框架式。框架式家具的特点是主要零部件采用榫接合，立

榫卯——中国人骨子里的工匠精神

柱与横木承重，板面只起分隔与围护作用。其优点是：接合强度高，稳定性好，经久耐用。缺点是：工艺复杂，对工艺技术要求高，生产效率低，生产成本高。

框架式结构的家具主要有以下几种榫接方式。

1. 框架夹角接合

根据框架接合后其立边与冒头的端面是否外露，分为直角接合（图3-1）和斜角接合（图3-2）两种方式，主要用在框架夹角、抽屉转角等处。

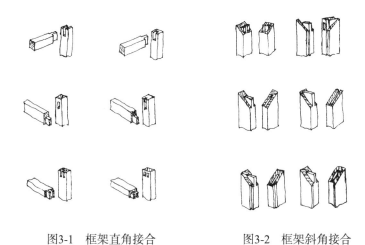

图3-1 框架直角接合　　　图3-2 框架斜角接合

2. 撑接合（图3-3）

主要有直角明（暗）榫、插入圆榫、直角槽榫、直角双向开口榫等多种方法。

图3-3 撑接合

3. 嵌板接合

木框嵌板有槽榫嵌板和裁口嵌板两种方法。

（1）槽榫嵌板

槽榫式嵌板（图3-4）是在木框立撑与横撑的内侧面开出槽沟，在装配框架的同时将嵌板放入并一次性装配好。这种结构嵌装牢固，外观平整，但不能更换嵌板。

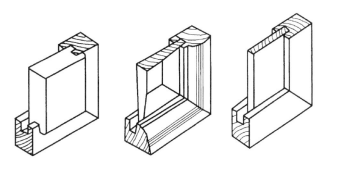

图3-4 槽榫嵌板

（2）裁口嵌板

裁口嵌板（图3-5）是在木框的立撑与横撑内侧面开出阶梯口，嵌板用成形面木条挡住，成形面木条用木螺钉或圆钉固定，从而使嵌板固定于木框中。这种结构装配简单，易于更换嵌板。

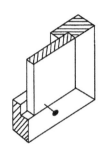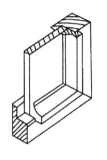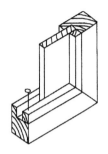

图3-5　裁口嵌板

3.2.2　板式结构

家具的主要部件为板式结构，并借助圆榫与连接件装配而成，此类家具被称为板式家具。其优点是生产工艺简单（若用中纤板或刨花板制作，则更为简单），生产效率高，生产成本低。

3.2.3　其他结构

除了框架式结构和板式结构两类最基本的家具类型外，随着新材料、新工艺的出现，家具还出现了许多新结构类型，主要有：

1. 拆装结构

拆装式家具（图3-6）的各部件之间主要用各种连接件结合，并可进行多次拆卸和安装。拆装式家具突破了以往框架式家具的固定和呆板，充分发挥了人的想象力，实现了个性化、实用化的家居理念。其最大优点是容易拆卸、组合，并且方便运输，还能节省保存空间。目前该类家具在支撑类和贮存类家具方面应用最多。

2. 折叠结构

折叠结构家具（图3-7）的主要特点是使用完后能够折叠起来，便于携带、存放和运输。故很受居住面积小的用户，以及需经常变换使用场所的会场、餐厅和流动的野战部队、马戏团、牧民等的欢

图3-6　拆装式家具

迎。折叠家具应轻便灵活，故要求使用力学性好或较好的优质材料（水曲柳、榉木、樟木等硬阔叶木材）制作。所用的金属连接件强度可靠，折叠灵活，外形美观。

a）   b）

图3-7　折叠式家具

3. 薄壳结构

薄壳结构是指运用现代工艺与技术，将塑料、玻璃钢或多层薄板一次性压制成形，又称为薄壁成形结构。薄壳结构的家具（图3-8）造型简洁、轻巧、工艺简单、节省材料、便于搬运。其中塑料薄壳家具还可调配出各种颜色，生动新颖，适合室内外不同环境下使用。

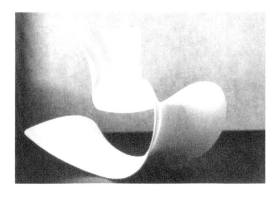

图3-8　薄壳结构的家具

4. 充气结构

充气结构的家具（图3-9）区别于其他结构形式的家具，它由一定形状的气囊组成，经充气即可使用，具有一定的承载能力，并且携带和存放方便，适合于旅游时使用。

图3-9　充气结构的家具

3.3　家具的部件构造

3.3.1　支架结构

支架是指起支撑作用的构架，在家具构造中一般称脚架。脚架作为家具中最大的承重部件，不仅需要在静力负荷作用下平稳地支撑整个家具，而且要求正常使用时具有足够的强度，并在遇到冲击时能保持稳定和牢固。例如，柜子被水平推动时，结构节点不致产生位移、翘坏或柜体错位变形，其样式还要与柜体整体造型相适应。家具的脚架结构可以分为露脚结构和包脚结构。

1. 露脚结构

所谓露脚结构（图3-10），是指由三只或三只以上的独立脚与若干根牵脚档连接成一体的框架部分，一般是由四只脚结合成方框形结构，属于框架结构，又称框架形脚架。其露脚造型千变万化，是家具整体造型的基本构件。根据露脚的脚形是否弯曲，露脚结构可分为直脚和弯脚两大类型。弯脚常装于柜底板或椅、凳、台、几的面板的四边角，以使家具有较好的稳定感。直脚常稍收藏于柜底板或椅、凳、台、几的面板内，使家具造型显得轻快。

图3-10　露脚家具

2. 包脚结构

包脚结构（图3-11）属于框箱结构，又称框箱型脚，一般是由三块以上的木板结合而成，通常由四块木板结合成方形框箱。包脚型的底架能承受很大的负荷，显得气派而稳定，应用比较广泛。通常用于存放衣物、书籍和其他比较贵重的大型物体。但是包脚结构底座不透气，不利于打扫卫生和通风透气。为了使家具在不平的地面上能保持稳定，也为了包脚下面的空气流通，在包脚的地面中部一般会切一条高 20～30mm 的缺口。

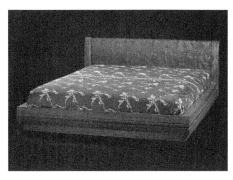

图3-11 包脚家具

3.3.2 面板结构

面板主要指座面、桌面、柜面等人们经常注视的结构部位。随着科学技术和木材综合利用行业的不断发展，家具的组成构件也扩展到各种成形面板上来。面板结构的最大特点就是要看不见结构，即将安装结构隐藏在人们看不见的地方。在现代家具和其他木制品生产中，面板构件以其充分利用小料、提高木材利用率，并有利于实现机械化、自动化的优点得到了广泛的应用。

3.3.3 抽屉结构

抽屉（图3-12）是家具中的重要构件，有明抽屉和暗抽屉之分。明抽屉的面板露在外面，而暗抽屉的面板却隐藏在柜门的里面。抽屉一般由屉面、屉旁、屉堵构成框箱结构，并在屉旁、屉面下部里侧开槽后插入屉底构成一个完整的抽屉。对于现在的家具行业来说，抽屉更多的是与板材家具和32mm系统联系在一起。注：32mm系统是以32mm为模数，制有标准"接口"的家具结构。32mm系统需要零部件上的孔间距为32mm的整数倍，即应使其"接口"都为32mm的整数倍，这样可提高效率并确保打眼的精度。

图3-12 抽屉滑道

3.3.4 柜门结构

根据柜门的安装结构和开闭形式，柜门可分为开门、移门、翻门、卷门、内藏门、折叠门等形式。

沿着垂直轴线开闭的柜门称为开门（图3-13）。开门是最常见的柜门结构，开门按门边与旁板侧边的位置分，又有全盖门、半盖门和内嵌门三种安装方式。全盖门基本上盖住了旁板；半盖门则盖过了旁板的一半，特别适用于中间有隔板，需要安装三扇门以上的柜子；内嵌门则装在两旁板之内。开门的安装要求门能自由旋转90°以上，并且不影响柜内抽屉等的拉出。

移门（图3-14）是指只能在滑道和导轨上左右滑动而不能转动的门，又称推门。移门平行于家具正面安装，侧向运动以达到开、关门的目的。这种门只需要一个很小的活动空间。当柜类家具缺少空间而又需要大幅面的门扇时，这是一个很好的解决方法。并且移门打开或关闭时，柜体的重心不至偏移，能保持稳定，所以常用于各种柜类和厨房家具。但移门的缺点是，它的开启程度只能达到柜体空间的一半。

翻门（图3-15）是沿着水平轴线开闭的门。翻门的转动结构与开门相似，门板多固定在顶板、隔板或底板上，沿水平轴线向下或向上翻转开启，其与柜体的连接可用普通铰链，也可用专用的翻门铰链。但与开门不同的是，它还需要拉杆起支撑作用。拉杆可以控制翻门翻转的角度，并在台面需要放置物品或承重时对台面进行加固。

卷门是能沿着弧形轨道卷入柜体隐藏起来的帘状滑动门，又称百叶门或软门。卷门打开时，它的本身被置入柜体内部，既不影响柜体前侧的使用空间，又能使柜体全部敞开。采用这种封闭形式的柜类家具具有朴素、整洁的正面。

内藏门是一种类似于卷门结构的特殊滑动门，又称转动滑动门。它可提供最佳的柜内空间，并且不占用室内空间，特别适用于电视柜、音响柜等家具，只用一只手就可以拉出或推入，非常实用方便。

折叠门是需要门扇存放位置的特殊滑动门，又称折叠式滑动门。其本身可以转动折叠，又可以在滑道中任意滑动，因而它提供了最佳的柜内空间，配以专用的折叠门配件，可以通过一个导向轮将折叠门一端沿轨道滑动，同时与柜旁板相连，只需轻轻一拉，柜内的所有空间即可敞开，舒适方便，并且滑动轻，幅度大。

图3-13 开门家具

图3-14 移门家具

图3-15 翻门家具

延伸阅读与分享

分组搜集最喜欢的一位大国工匠的详细介绍及其励志故事，并说明自己最喜欢他的原因，最后小组制作相关PPT并进行分享。

第4章
家具设计的程序和方法

[内容提要]

家具设计综合了使用功能、人体工学、材料和视觉审美等诸多方面的因素。同时，家具的设计需要考虑所处的环境，服务对象的实际要求。因此，要确保家具设计的成功，设计时必须按规范有效的程序，通过多道设计步骤完成。本章主要介绍家具设计的原则，家具设计的程序，家具设计的表达以及家具的设计参考图例。

[知识目标]

◆ 掌握家具设计的原则。
◆ 掌握家具设计的程序。
◆ 掌握家具设计的表达。

[能力目标]

◆ 会利用设计的原则进行家具设计。
◆ 能综合运用所学知识进行家具方案的设计与创新，以及三视图和结构图的绘制。
◆ 能与客户就家具设计方案进行交流与沟通。
◆ 能运用马克笔、彩色铅笔等工具表现家具设计构思方案效果图。

[素质目标]

通过观看典型的设计案例视频，以及优秀设计作品分析，提炼隐喻在设计作品中的"文化传承"和"创新精神"等元素，培养求真务实、实践创新、精益求精的工匠精神。

4.1 家具设计的原则

4.1.1 工效学的原则

工效学的原则是指在确定家具的尺度、结构、造型、色彩等因素时，都要根据人体尺寸、人体动作尺度，以及人的各种生理特征来进行，并且根据使用功能的性质，如休息、作业的不同要求分别进行不同的处理。最终目的是使人和家具之间处于一种最佳的状态，使人和家具及环境之间协调，使人的生理和心理均得到最大的满足，从而提高工作与休息的效率。

4.1.2 辩证构思的原则

家具具有物质功能与精神功能。因此，在设计家具的造型时，不能纯粹采用单一的形式美的法则，不仅要符合艺术造型规律，还要符合科学技术的规律。同时还要考虑造型的风格与特点，如民族的、地域的、时代的特点，还要考虑用材、结构、设备和加工工艺，以及生产效率和经济效益。辩证构思的原则也是工业设计的原理、技术美学的原理。应用辩证构思的原则就是要综合各种设计要素，辩证地处理家具的造型与功能等问题。

4.1.3　创造性的原则

设计的核心就是创造，设计过程就是创造过程，创造性当然也是设计的重要原则之一。家具新功能的拓展，新形式的构想，新材料、新结构和新技术的开发都是设计者进行创造性思考和应用创新技法的过程。这种创造能力人皆有之，人的创造力往往是以他的吸收能力、记忆能力和理解能力为基础，通过联想和对平时经验的积累与剖析、判断与综合所决定的。一个有创造能力的设计师应掌握现代设计科学的基本理论和现代设计方法，应用创造性的设计原则去进行新产品的开发。

4.1.4　传统风格与流行趋势并行的原则

家具除具有使用功能外，其装饰性具有强力的时代特征，反映了时代的流行趋势。因此，家具设计应该充分展示时代科技，展示时代的生产力水平，充分合理地将新材料、新技术、新工艺与时代流行时尚相结合，创造出符合当代人们审美情趣的、满足市场需求的家具产品。同时，将民族的设计风格与现代的流行时尚相结合，将家具的民族语言融入现代的流行时尚中，使民族风格的家具成为世界时尚的家具。

4.2　家具设计的程序

家具设计必须要按照一定的设计程序来实现设计的计划和目的。家具设计程序是指从家具设想到产品完成的逻辑顺序的一系列步骤，是家具设计的一般规律和科学方法。有序的工作方法和完善的设计程序不仅可以保证工作的顺利进行，也是家具设计项目成功的基本保证。

4.2.1　前期准备工作

1. 资料收集与整理

在家具设计工作展开之前，信息资料的收集与整理是必不可少的程序。它是家具设计过程中的第一步。通过收集资料，可以收集素材，启发构思，了解新信息。从造型、材料、加工工艺、技术革新等方面进行广泛的收集。资料来源有：

1）通过图书馆、阅览室、资料室、购书中心、互联网等，查阅中外专业书籍、杂志、设计图册、国内外科技情报与动态、工艺技术资料等，以获取图文新信息。

2）通过市场的调查与研究，例如通过参观家具博览会、新型材料展览会、家具城、经典家私店、经典楼盘样板房、家具生产基地等，实地感受和了解家具发展的新潮流与趋势，新款家具与旧款家具在市场上的比例，新材料的使用与使用效果，消费者对现状的满意程度等。

收集资料之后，对收集的信息进行定性定量分析，系统整理，做出各种信息分析图表，并给出科学的结论或推测，编写家具设计市场调研报告书，作为设计立项依据和后续设计工作的指南。

2. 设计定位

设计定位是在前期相关资料的收集、整理、分析的基础上，综合具体家具的功能、材料、工艺、结构、尺度、造型、风格，并考虑制造商或设计委托客户的特定要求等因素而形成的设计方向或目标。在家具设计中，确定设计定位是设计程序中最为关键的步骤之一。定位准确与否，直接影响到设计的展开与后续生产、营销等环节能否顺利进行。一般可以将其分为三种类型的设计：创新性设计、改良性设计和工程项目的配套性设计。

4.2.2　方案设计与技术设计

1. 方案设计

家具的方案设计是家具设计者运用创造性思维，把自己的设计从创意构思变为直观形象意图的诉诸表达程序，是家具设计变为现实的必要步骤。

在方案设计阶段，进行进一步的取舍和推敲，逐步深入到家具的材料、结构、造型、色彩、成本等要素的整合与完善。在此过程中，视觉化的造型语言仍是设计表达的主要方式。

方案设计包括构思草图（徒手画）、正投影制图（三视图、剖面图、细部节点详图等）、透视效果图、模型等。

2. 技术设计

技术设计是在方案设计获准之后进行的一项具体而仔细的设计工作，它将全面展开家具的结构细节，确定多个零部件的尺寸及结合方式，并绘制成图，然后制作家具实样。编制技术设计是家具方案设计向家具生产过渡的一个重要环节。技术设计的具体内容包括：生产图（装配图、部件图、零件图、大样图、效果图）和家具实样。

4.3　家具设计的表达

设计师的构思、设计意图、方案等，最终都要通过制图方式来表达，并且运用形象化和符号化的方式加以表现。同时制图又是工程制作施工的依据。因此，设计师必须掌握家具设计的制图及各种效果表现图等的表现技法，这也是设计师应具备的基本能力。

家具设计综合了使用功能、人体工程学、材料和视觉审美等诸多方面的因素，以视觉传达的方式表达出设计构思和设计行为。其设计要素的多样性与受众理解能力的差异性决定了设计语言的多元化。因而，家具设计的表达涉及的设计语言包括文字、口语、图形、图表、实体模型、虚拟影像等。

4.3.1 图形表达

1. 构思草图

家具设计的构思草图是表现家具设计理念，展示家具设计思想最为重要的环节之一。通过构思草图（图4-1），设计师可以将抽象的设计概念和构想转换为具体的物体形象，也就是将头脑中所想到的形象、色彩、质感和感觉画出来转化为具体、真实和可以实施的事物。

图4-1　草图

2. 正投影

一般工程图样都是按照正投影的基本原理来绘制的。所谓正投影，是指平行投影线与投影面垂直，产生的物体的投影。正投影制图能够科学地再现空间界面的真实比例与尺度。

三视图（图4-2）是指通过三个不同方向的正投影图，客观地反映物体的真实形状、大小的一种表现形式。三视图包括主视图、俯视图和侧视图。

1）主视图：从前方向正面投影得到的视图。

2）俯视图：从上方水平投影得到的视图。

3）侧视图：从左方向侧面投影得到的视图。

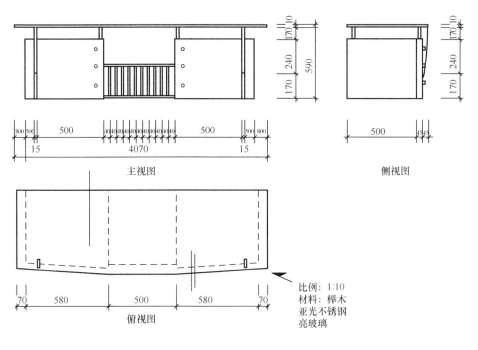

图4-2　三视图

3. 剖面图及详图

剖面图（图4-3）是用假想的平面对家具某部位垂直剖开而得的正投影图。剖面图主要表明上述部位的内部构造情况，或者是装饰结构材料、饰面材料之间的构造关系。

详图是指某部位的详细图样，用放大的比例画出那些在其他图中难以表达清楚的部位。详图既可以是某部位的放大图，也可以是某部位节点的构造图。

4. 透视效果图

透视效果图是一种将三维空间的形体转换成具有立体感的二维空间画面的绘图技法，它能将设计师预想的方案比较真实地在二维平面上再现。透视效果图是表达设计方案的一种手段，必须尽可能准确地传达设计构思，要忠实于设计意图，恰如其分地表达家具造型效果，以说明问题为原则。

家具设计的透视效果图通常有马克笔、彩色铅笔、水粉和水彩等表现技法。

（1）马克笔技法

马克笔是最常用的表现工具，分为油性和水性两种，特点在于轻、快捷和简便，无须用水调和，具有较强的时代感和艺术表现力。在表现时，要充分利用这种干净利落的特点。同时马克

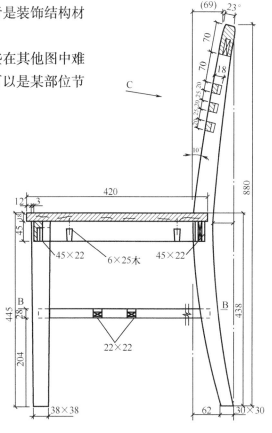

图4-3　剖面图

笔色彩透明，种类繁多，通过色彩的叠加可以产生丰富的色彩变化（图4-4）。

图4-4　马克笔技法

（2）彩色铅笔技法

彩色铅笔是效果图表现中最为常见的工具之一。其特点是色彩淡雅，对比柔和，使用简便，携带方便，价格低廉，又易于表现出深与浅、粗与细等不同类型的线条以及这些线条所组成的面。在表现时，使用方法同普通素描铅笔一样易于掌握，但彩色铅笔的笔法从容、独特，可利用颜色叠加，产生丰富的色彩变化，具有较强的艺术表现力和感染力（图4-5）。

图4-5　彩色铅笔技法

（3）水粉、水彩技法

水粉技法（图4-6）与水彩技法（图4-7）都是以水为媒介调和绘制。水粉颜料由色彩、树脂、甘油与水分等制成，具有不透明、遮盖力强的特点，同时水粉颜料纯度较高，色彩明快饱和，具有较强的表现力。

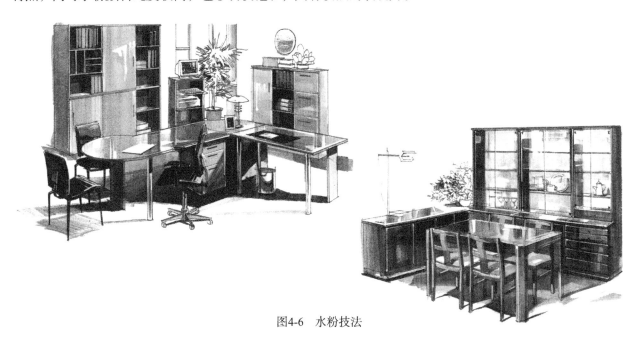

图4-6　水粉技法

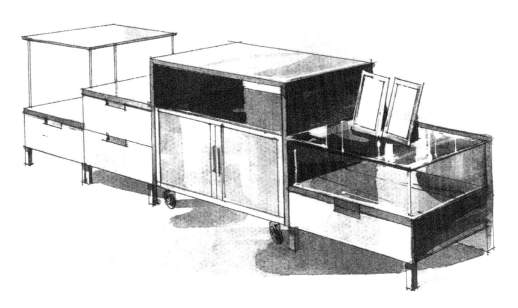

图4-7　水彩技法

水彩技法是采用水与水彩颜料调和的渲染效果，来表达客观实际的一种手法，它的特点是明快、洒脱、感染力强，表现力客观细致而真实。水彩表现的基本技法通常包括平涂、退晕、叠加等。

4.3.2 模型表达

由于家具三维空间的特性，使得模型的制作成为家具设计深入研究阶段理想的专业表达方式。我们可以根据具体条件，选择制作1:1的实物或是1:5、1:10等缩小比例的研究模型或是概念化的草模。模型具有研究、推敲、解决矛盾的作用。

随着计算机技术的不断进步与发展，实物模型的表达方式正逐渐被虚拟模型（图4-8）的表达方式所取代，使模型制作受具体的材料、尺度、制作能力、资金、时间等条件限制的情况得到彻底改观。

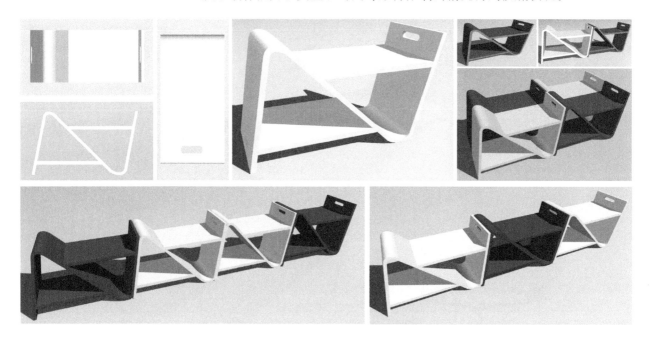

图4-8 家具虚拟模型

4.3.3 文字与口语的表达

文字的表达同样是家具设计的重要表达手段。其一，体现在家具设计的初期，对调研资料的整理与分析、设计项目的策划和定位、设计思路的梳理；其二，体现在设计方案完成后的设计报告书，以及设计总结。对于设计表达中图形优先的部分，文字可以对图形作出必要的解释，引导图形表达的秩序，对图形不能明确表达的部分可以补充说明等。文字以表达清晰、简洁并能够深入到理论深度的优势而被普遍采用。

家具设计方案的最终实施必须得到制造商或委托设计的客户的认可，图形与文字虽然以书面的形式将设计信息较全面地传达，但并不能代替人与人之间直接的情感交流。因此，口语的表达也重要的手段之一。口语是人类交流的最基本的表达方式，也是图形与文字表达的进一步深化，如设计策划、设计投标、方案论证、施工指导等都少不了口语的表达。

4.4　家具设计参考图例

图4-9～图4-12为家具设计参考图例。

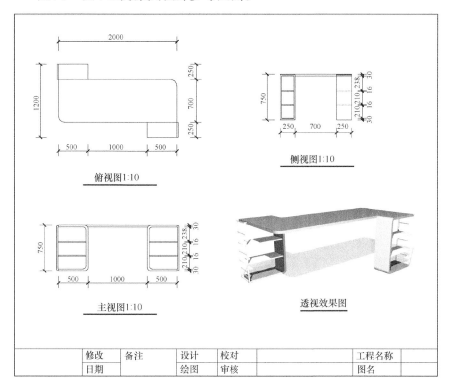

图4-9　家具设计参考图例（一）

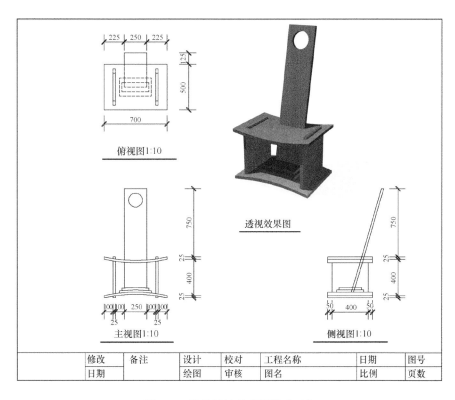

图4-10　家具设计参考图例（二）

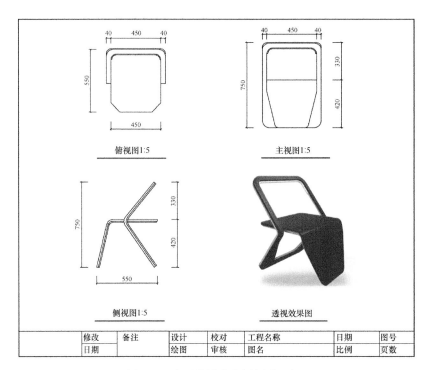

修改	备注	设计	校对	工程名称		日期	图号
日期		绘图	审核	图名		比例	页数

图4-11　家具设计参考图例（三）

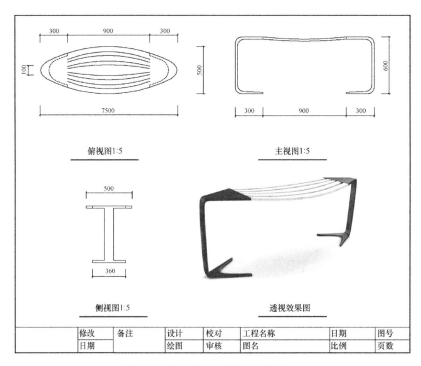

修改	备注	设计	校对	工程名称		日期	图号
日期		绘图	审核	图名		比例	页数

图4-12　家具设计参考图例（四）

延伸阅读与分享

　　分组搜集最喜欢的一件或一组家具设计作品，了解该组作品的设计背景、风格特点、结构形式、材料特点、造型艺术与工艺特点，透过作品分析设计师们有什么值得学习的品质，最后小组制作相关PPT并进行分享。

第5章
室内陈设概论

[内容提要]

　　室内陈设不仅能起到渲染环境气氛和以视觉审美传递媒介的美感效果，增进生活环境的精神面貌，它的最大功效还在于培养人们的审美情趣，提高文化修养，开阔知识视野，陶冶性情，完善精神品质和心灵内涵。本章主要介绍室内陈设的概念、作用，以及室内陈设的发展历史。

[知识目标]

- ◆ 掌握室内陈设的定义。
- ◆ 掌握陈设在室内环境中的作用，以及室内陈设与室内设计的关系。
- ◆ 了解室内陈设的发展历史。

[能力目标]

- ◆ 能正确分析不同风格的陈设品对营造室内环境所起的不同作用。
- ◆ 能正确分析不同时期、不同环境下陈设的特点与风格，以及陈设的发展趋势。

[素质目标]

　　学习陈设的发展史，了解我国古代皇宫及民居建筑中的木结构装饰的发展过程，弘扬中华传统优秀文化，树立传承民族文化的责任意识，增强民族自豪感，提高文化自信。

5.1　室内陈设的概念

5.1.1　陈设的定义

　　室内陈设是室内环境设计的重要组成部分。它与室内环境设计之间是一种相辅相成的关系，室内陈设对烘托室内气氛、格调、品位、意境等起到很大的作用，既能体现出丰富的文化内涵，又能起到传神达意的艺术效果。

　　从字面上理解，"陈设"作为动词有排列、布置、安排、展示、摆放等含义；作为名词，则表示可用以观赏的"物品"。现代意义的"陈设"与传统的"摆设"有相通之处，但内涵更为宽泛。

　　其实，在国内外有关的学术领域内并没有对"陈设"下一个明确的定义，在此引用国内比较为大家所认可的一种解释。即室内陈设是在室内设计的过程中，设计者根据空间环境的特点、功能需求、审美要求、使用对象要求、工艺特点等要素，精心设计、创造出高舒适度、高艺术境界、高品位的理想环境。

综上所述，室内陈设作为室内环境中与人关系最为密切的因素是值得我们认真研究和思考的。同时，陈设的方式和方法又会受到人们的生活背景、所接受的文化教育、个人的审美情趣及诸多因素的影响。因此，对室内空间环境进行精心的设计、布置，不仅能起到渲染环境气氛和以视觉审美传递媒介的美感效果，更是室内空间环境中"精神建设"的一种手段。

5.1.2　室内陈设与室内设计

室内陈设艺术是室内设计不可分割的重要组成部分。它们的共同点是解决室内空间形象设计，创造出功能合理、舒适优美且满足人们物质和精神生活需要的室内环境，不同点是各自关注的重点和研究的深度有所不同，但它们同属于"室内环境"这个整体。室内设计是针对建筑界面——墙面、地面、顶棚等组成空间的建筑构件所限定的内部空间的装饰、氛围的营造，它的再装饰目的是完善建筑物的内部环境，以满足使用者对空间的要求。陈设是在室内设计的整体构思下，对艺术品、生活用品、收藏品、绿化等作进一步深入细致的设计，体现出文化层次，以获得增光添彩的艺术效果。

室内环境是包含室内陈设品在内的，是整体与局部的关系，但这个"局部"是可移动的，可随主人意志更换。因此，无论是室内设计，还是陈设品的布置，都必须发挥各自的优势，考虑相互之间的关系，共同营造舒适的室内空间环境。对陈设品的选择与配置，既要充分考虑陈设品的造型、色彩、质感、风格等各方面因素与室内环境的整体关系，又要体现陈设的个性，总的原则是在统一中求变化。

5.2　室内陈设的作用

室内陈设品是室内环境中的重要组成部分，蕴含着深刻的历史文化、风俗习惯、地域特征和人文取向。很难想象如果我们的生活中没有了陈设品会是什么情景。因此，陈设品不仅是室内环境中不可分割的一部分，同时也是最具亲和力的一部分，而且对室内环境的影响很大，其地位和作用是无法替代的。

5.2.1　改变室内环境效果的作用

1. 营造室内气氛、调节室内色彩

不同的陈设品对营造室内环境将起到不同的作用。如欢快、喜悦的气氛，节日、生日庆典的气氛，庄严典雅的气氛，古朴与现代融合的气氛等，都可以通过室内陈设物品的选择与精心布置而呈现出来。例如，书法、字画、古典造型工艺品等，能创造出高雅的文化气氛，而采用喜字红色剪纸、抱枕的色彩变换等，能营造出喜庆的气氛。一个空间氛围

较浓的室内，往往是诸多因素协调的结果。因此精心设计、布置的家具
陈设对室内气氛的营造，室内色彩的调节以及对室内整体效果的衬托，
具有非常重要的作用（图5-1）。

室内陈设中的中国风
（视频）

图5-1 北京故宫坤宁宫洞房

2. 柔化空间效果

随着建筑技术和现代科技的发展，人们生活的空间渐渐远离了自然
材料，取而代之的是随处可见的钢筋混凝土、玻璃幕墙以及金属结构等
材料。这些材料令人感受不到生命的迹象，使人有疏离感，而家具、植
物及各种工艺品等陈设品的介入，使空间有了生机和活力，更加柔和，
也使空间更富人情味（图5-2）。

图5-2 丹麦哥本哈根四星级商务旅馆客房

3. 深化室内环境的风格

室内风格的建立不仅仅是室内墙壁、顶棚和地面的设计所能决定
的，它需要室内陈设品的设置来共同塑造。不同历史时期的社会文化氛

围、审美取向赋予了陈设艺术不同的特性。例如，古典风格、现代风格、中国传统风格、乡村风格等，陈设品的合理选择对室内环境风格有着很大的影响。因为陈设品本身的造型、色彩、图案及质感等都带有一定的风格特点，因此，恰当地选择能够使室内风格更加突出，更加具有整体性、感染力，更能深化室内环境的风格（图5-3）。

图5-3　北京文昌胡同某住宅内景

图5-4　新疆居室内陈设

5.2.2　塑造室内环境风格的作用

1. 反映民族特征及个人爱好

地域上的差异会形成陈设品上的差异。不同民族的陈设，有着不同的造型特点，同时地域性也会与民族性相关联，形成强烈的民族风格和地域特点。我国民族众多，不同地域、不同民族的生活方式与理念不同，陈设风格也有所差异。例如，江南民居在陈设上追求我国传统造型，以及我国传统自然流畅韵味的工艺美术品，形成独特的江南文化风情。而在新疆地区，由于地理位置、民族习惯与民族特点的不同，通常采用天窗采光，室内铺设华丽的地毯，周围墙壁以花草图样装饰，壁龛用卷草及花卉雕刻，充分体现了伊斯兰建筑的独特风格（图5-4）。

陈设品本身的造型、色彩、图案拥有自己的特征，就如同会说话一样可以表达出个性特点。因此，我们也可以通过陈设品的选择和布置方式，判断主人的喜好、个人品位、修养等。

2. 陶冶情操

格调高雅、造型优美，尤其是具有一定文化内涵的陈设品陈列于室内空间，不仅起到装饰环境、丰富空间层次的作用，而且使人怡情悦目、情操得到陶冶。这时的陈设品已超越其本身的美学价值而赋予室内空间以精神价值。如有的书法作品、工艺品等会产生激发人向上的精神作用。

总而言之，陈设品作为室内环境的重要组成部分，在室内环境中占据着重要地位，也起着举足轻重的作用。认识到陈设品的作用并在空间设计中发挥它的作用，必将创造出丰富多彩的人性空间。

5.3　室内陈设的发展沿革

室内陈设作为室内设计的重要组成部分，是随着室内设计的演变而发展的。陈设品的形态与人类在不同历史时期、不同环境下的本民族、本地区的风俗习惯、文化背景、宗教信仰、审美情趣等因素有着密切的联系。了解这些特点，我们才能加以利用，变成新风格特征的基础。事实上，每种风格特征的形成都有时代的烙印和前人风格的痕迹。

5.3.1　萌发阶段

早期的室内陈设受到建筑、艺术创作形式的影响。建筑的雏形仅仅是遮风避雨的功能，谈不上室内的装饰和陈设。早在人类发展的初期，穴居的窑洞里已有人、动物形态的壁画和岩画（图5-5）。这些壁画、岩画的画面一方面是人类出于对自然的崇拜，把大自然万物当做神灵来膜拜，另一方面也发挥了一定的装饰作用。伴随着群居生活，出现了人类的早期建筑。人们在居室的墙壁上绘上了图画，表达了人们追求更多食物的愿望，以及住所的美化。室内的陈设品多半是具有实用功能的器皿，虽然粗糙，但是人们在满足功能的同时尽可能地进行形式美的创造。

图5-5　沧源岩画

随着生产力的发展，人类对于居住的建筑和宗教信仰中神灵的住所的装饰内容也越来越多，越来越精彩。不过，这时的装饰还多局限在建筑上，室内的陈设大多还是和建筑结合在一起。

古埃及装饰风格简约、雄浑，以石材为主，柱式是其风格之标志。柱头如绽开的纸草花；柱身挺拔巍峨，中间有线式凹槽、象形文字、浮雕等；下面有柱础盘，古老而凝重（图5-6）。

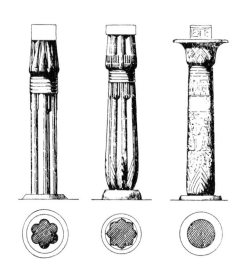

图5-6　古埃及柱

神庙建筑体现了古希腊风格单纯、典雅、和谐的风貌。多立克、爱奥尼克、科林斯是希腊风格的典型柱式，也是西方古典建筑室内装饰设计特色的基本组成部分（图5-7）。

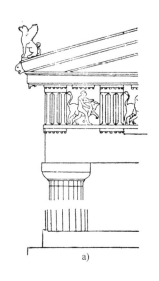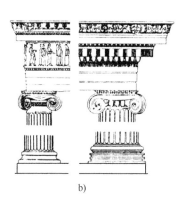

a)　　　　　　　　　b)　　　　　　　　　c)

图5-7　古希腊柱

a）多立克柱　b）爱奥尼克柱　c）科林斯柱

古罗马装饰风格以豪华、壮丽为特色，券柱式造型（图5-8）是古罗马人的创造。两柱之间是一个券洞，形成一种券与柱大胆结合极富特色的装饰性柱式，是西方室内装饰陈设最鲜明的特征。古罗马风格柱式曾经风靡一时，至今在家庭装饰中还常常应用。

图5-8　古罗马券柱

我国古代皇宫及民居建筑中的木结构装饰和彩绘，往往被称为"雕梁画栋"，足以证明我国古代建筑装饰之精美（图5-9）。

室内陈设中的中国风

图5-9　北京故宫太和殿内檐斗拱及梁枋金龙和玺彩画

5.3.2 初步发展阶段

中世纪时期，由于欧洲受到极强的宗教影响，人们处于政教合一的封建制度统治下，无论是建筑装饰还是室内陈设都具有极强的宗教烙印。当时的建筑空间较高，所以家具的尺度较大。这一时期属于百家争鸣的时期，各种风格流派会聚一起。拜占庭风格（图5-10）因袭了古希腊后期的风格，雕刻的比例尺度较合理、装饰感强。与之同时的还有罗马风格，该风格主要是传承了古罗马风格，多使用旋木技术进行装饰。在家具的腿部用兽头、爪子进行装饰。无论是家具还是小件的装饰都比较大气，具有阳刚之美。哥特式风格（图5-11）的家具和器物如同建筑一样，将建筑上的语言应用在家具上，其家具比例瘦长、高耸，用哥特式的尖拱、玫瑰花窗的形式进行装饰，具有极其鲜明的特点。陈设的重点是突出基督精神无处不伴随着人们的生活。装饰的色彩也是以暗色调为主。

图5-10　拜占庭镶嵌画　　　　　图5-11　哥特式风格

5.3.3　辉煌阶段

文艺复兴运动是一种以强调人文主义来代替神权主义的运动。这促使了欧洲的文化、艺术得到了空前的发展，宗教统治向宫廷统治转变。这一时期陈设艺术的风格由原来的宗教味道回到世俗生活；陈设品的设计和生产更趋向于舒适性和便捷性；陈设品的造型和色彩也与空间氛围相协调；对陈设品的选择更多地考虑到大众的需求（图5-12）。

巴洛克在意大利兴起，其影响非常大，迅速遍及整个欧洲大陆。巴洛克风格虽然脱胎于文艺复兴风格，但却有完全不同的特点，它是以浪漫主义精神为形式设计的基础，但是它追求奇特新颖的效果，将绘画、雕刻等复杂工艺运用于装饰和艺术陈设品上，墙面以精美的壁毯装饰，采用高档的石材、木料并镶以金色，尽情装饰、珠光宝气、繁琐华丽（图5-13）。

图5-12　文艺复兴时期的陈设　　　　图5-13　巴洛克室内陈设

继"巴洛克风"之后，欧洲又兴起了洛可可风格。这一时期，一些贵族对巴洛克的庄重典雅、严肃的效果不满，认为室内装饰应再细腻些，要求所有细部装饰柔媚、琐碎而纤巧。例如，在房间布置上讲究舒适、小巧、玲珑与亲切感，在色彩上采用娇艳的颜色，以及一些陈设与摆饰的轮廓线全部采用曲线。总之，洛可可的室内装饰和陈设充满了浓重的脂粉气（图5-14）。

图5-14　凡尔赛宫陈设

5.3.4　多元化发展

伴随着工业革命，欧洲大陆掀起了新的审美思潮及新艺术运动，对室内设计、家具设计和陈设品设计等方面的影响很大。同时，随着社会形态的变化，科学技术的发展，人们审美观念的改变，不再盲从某一种风格，多种风格并存的时代也随之到来。

随后出现了现代、后现代、新古典主义（图5-15）、自然、混合型等流派的设计风格，不同的室内设计风格有着自身的特点，而作为陈设艺术的风格也应遵循室内设计的整体风格进行布置和安排。综上所述，任何事物的变化都有历史的成因。室内陈设的风格与建筑、装饰的风格一样，因时代、地域的不同而产生变化，而且还受国民经济、生产技术、文化背景及外来文化的交流等因素的影响，而形成各个时期不同的风格。了解陈设的发展沿革，对于设计师来说是十分有益和必要的。

图5-15　新古典主义风格陈设

🔗 延伸阅读与分享

分组搜集民居建筑中最喜欢的一件木结构装饰，了解该木结构的历史时期、风格特点、结构形式和工艺特点，分析木结构装饰中蕴含着哪些艺术成就值得学习，最后小组制作相关PPT并进行分享。

第6章
室内陈设的类型及方式

[内容提要]

　　室内陈设既可以满足人的生理需要，又可以美化室内环境和满足精神功能的需要，同时还可以使室内设计起到画龙点睛的作用。因此，一个成功的室内陈设，对如何合理地选择不同的陈设方式是至关重要的。本章主要介绍室内陈设的类型及方式。

[知识目标]

◆ 掌握功能性陈设的特性，以及不同的室内空间对功能性陈设的要求。

◆ 掌握装饰性陈设的特性，以及不同的室内空间对装饰性陈设的要求。

◆ 掌握不同的室内陈设方式的原则与方法。

[能力目标]

◆ 能合理地选择陈设类型对不同功能、不同风格的室内空间进行陈设与布置。

◆ 能合理地选择陈设方式对不同功能、不同风格的室内空间进行陈设与布置。

[素质目标]

　　了解当下存在的能耗、资源、质量、污染问题并思考解决方案，弘扬绿色设计理念，培养质量意识和节能环保意识。

6.1 室内陈设的类型

　　室内陈设包含的内容很多，范围极广。概括地说，一个室内空间除了它的墙、地面、顶棚以外，其余的内容均可称为陈设。一般来说，概括起来可分为两大类，即功能性陈设和装饰性陈设。

　　功能性陈设是指陈设的物品具有一定的实用价值，同时又具有一定的观赏性和装饰性。如家具、灯具、家用电器、器皿、织物、书籍、玩具等，既是人们在生活中使用的器具，又是美化环境、点缀室内空间的陈设品。

　　装饰性陈设是陈设的物品不具备使用功能，只具备纯粹的艺术欣赏功能。如艺术品、纪念品、收藏品等，着重追求的是精神内涵、陶冶情操。

6.1.1 功能性陈设

1. 室内织物

目前织物已渗透到室内环境设计的各个方面，它不再仅满足人的生理需要，同时也可以美化室内环境和满足精神功能的需要，同时又是衡量室内环境装饰水平的重要标志之一。

织物以其特有的柔和质地，丰富的色彩变化，为调节室内气氛营造舒适环境，在整体室内陈设中起到了画龙点睛的作用。

室内织物陈设是室内设计的重要组成部分，它包括窗帘、地毯、壁毯、壁布、靠垫、床上用品、台布及家具蒙面织物等。

（1）窗帘

窗帘（图6-1）具有遮光，减弱过强的光线和阻避门户视线的功用，它增强了室内空间的私密性与安全感。它是室内装饰艺术中的重要组成部分。窗帘在室内很容易成为视线焦点，因此选择与设计窗帘时应慎重考虑窗帘的风格、式样、尺度、色彩、质感等因素。同一房间的窗帘，在颜色、质地和类型上要保持一致。一般装饰比较简洁的空间，窗帘的款式也应简洁明了；装饰较豪华的环境，窗帘的式样、色彩、质地也应华丽气派。至于窗帘的长短，在正规的主要的房间内，窗帘可长至地板，在非正规的或次要的房间，窗帘可仅长至窗台口底边。而色泽图案的选择，则应根据室内的整体性及不同气候、环境和光线以及生活习惯来确定。

图6-1 窗帘

（2）地毯

地毯起源于游牧民族部落，被放在帐篷里当做装饰品。地毯一直到使用机械生产以后才被铺在地上使用。

作为地面材料的地毯（图6-2），具有较好的弹性、保温、吸声、防火、装饰、耐久等性能。因此，越来越普遍地被用于公共场所及家居环境中。

图6-2　地毯

地毯的铺设方式有满铺、中间铺设和部分铺设。满铺的地毯不易更换，因此宜选择耐脏且不易褪色，而持久性好的地毯；中间铺设法是将地毯铺设在房间的中央，四周空出一定距离，使整个房间充满典雅的气氛；部分铺设法是为了满足一些特殊的要求，也起到限定空间的作用，如铺在床边、沙发下等。从制造方法来说，手工地毯多用于房间的局部；机织的地毯更适合从墙壁到墙壁的满铺方式。

（3）蒙面织物

蒙面织物是织物陈设之一，它包括椅、桌、沙发、家用电器、家具等物品的蒙面织物与坐垫、靠垫等。这些织物除了具有耐磨、耐脏、柔软、有弹性、触感好及防污、挡尘等实用功能外，还可以增强室内空间的艺术个性，可以发挥其材料的质感、色彩和纹理的表现力，烘托室内空间的艺术气氛。

桌布是蒙面材料之一（图6-3）。它的覆盖面积虽然相对较小，但却能起到锦上添花的作用。桌布一般宜选用耐洗、耐烫的织物，印花棉布算是理想的选择。桌布悬垂的垂直长度以30cm左右为宜，若过长会给人带来不便。装饰性较强的桌布一般悬垂至地板，这样使桌子观感好，并且会使室内增添几分浪漫情调。

图6-3 桌布

坐垫、靠垫（图6-4）能调节坐具的高度、斜度，并增强柔软度，使人感到舒适、惬意，还能装点室内环境的氛围。在色彩和图案的选择上，坐垫、靠垫应与室内空间环境的总基调统一或对比，可考虑使用鲜艳明亮的色调和花纹较大的图案，也可以使用不同颜色的单色对比组合。

（4）床上用品

床上用品（图6-5）主要是指被褥、被套、枕巾、枕套、枕芯、靠垫、床垫、垫套、毯子，以及床单、床罩等供人们睡觉使用的物品。床上用品在室内装饰陈设中所占的面积较大，因而对居室风格的影响很明显。因此，在床上用品选择上，既要款式新颖、图案高雅、色彩淡雅、布质优良，又要体现主人的品位及个性化特点。同时床罩、床单的更换是改变卧室面貌的最简单易行的办法，或温馨或浪漫，或典雅或稳重。

图6-4 坐垫、靠垫

图6-5 床上用品

2. 灯具

灯具（图6-6）是每个室内空间必需的陈设品。灯具不仅为人们学习、生活、工作提供必要、合理的采光环境，同时又是美化室内空间环境的艺术品。

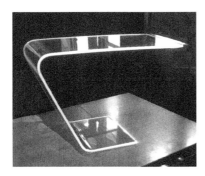

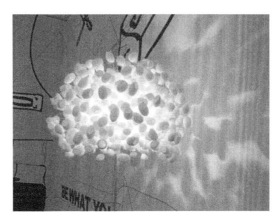

图6-6 灯具

常用的灯具有吊灯、吸顶灯、壁灯、台灯和落地灯等。选择灯具时以满足空间照明功能为主，并使灯具的造型与室内装饰风格一致。在选择灯具时，应注意以下几个方面：首先不同的功能空间应该选择相应的灯具，所选择灯具的高度必须与要求的亮度相吻合，以取得相应的照度。如商场、图书馆、办公室空间照度要求较高，应该选择具有明亮光线的灯具；家居卧室、餐厅照度要求较低，应该选择具有柔和光线的灯具；歌舞厅、影剧院等娱乐场所，虽然照度低但需要氛围热烈，应该选择娱乐专用照明灯具。

其次，灯具光色的不同，可以营造出各种不同的气氛、情调。像暖色光使人感觉亲切、温暖；冷色光使人感觉冷漠、宁静。因此，家庭卧室、宾馆客房等都应选择暖色光，以营造温馨舒适的氛围；而商场、办公室、教室等应选择冷色光，以营造适宜的工作或学习环境。

最后，灯具造型的风格应与室内空间环境的风格相协调。如现代风格的室内环境宜选择造型简洁的灯具，中式的茶馆宜采用传统的宫灯，日式餐厅宜选择和式灯具等。

3. 电器用品

电器用品（图6-7）是高精技术产物，其外观造型、色彩质地的设计都很精美，是室内环境中的重要陈设。

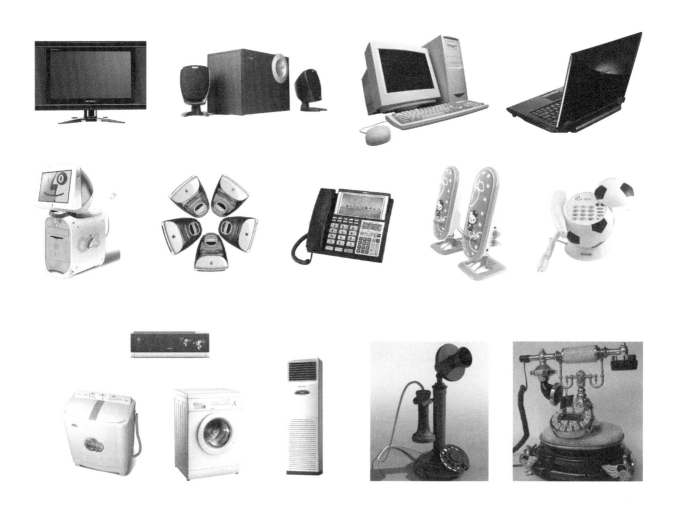

图6-7　电器用品

　　在现代家庭生活中，电器用品包括电视机、音响设备、录像机、电话机、电脑、电冰箱、洗衣机、空调及厨房电器、卫生淋浴器等。在选择电器用品时，既要满足家庭的功能需求，又要考虑与周围环境的协调。如在造型和色彩上应与室内家具及其他陈设协调，尺度也要适宜，先量空间，再选尺度。大空间选择尺寸稍大的电器，小空间选择一些小尺寸的电器，并结合一些小的摆设，如冰箱贴等，使生活气息更浓。

　　4. 书籍杂志

　　书籍杂志（图6-8）不仅给人以智慧与知识，还有渲染氛围的陈设作用。在图书馆、办公室及居住空间摆放整齐、装帧精美的书籍，可以营造出学习、向上的文化氛围；居住空间的书架上的书籍，既有实用价值，又可使室内增添几分书香气，显出主人的高雅情趣。

　　书籍一般都陈列在书架上，有少数自由散放。书架的设计应符合人体工程学要求，书架应有不同高度的框格以适应各种尺寸的书籍，最好能按书的尺寸随意调整。书籍采用立放较为合理，有时将个别书籍横放会使书柜生动起来，如将小摆设、古玩、纪念品等巧妙地布置其间，则会活跃室内气氛。杂志属于临时性的陈设，封面具有丰富的色彩图案及内容，若随意地摆放在沙发、窗台、屋角等处，会使室内气氛更加轻松、温馨、更富有生活气息。

图6-8　书籍杂志

5. 生活器皿

随着现代工业技术的高度发展，新材料、新工艺的综合应用，原来只是以使用功能为主的器皿，在不知不觉中其外观造型变得精美、雅致，成为室内陈设品中的重要一员。

生活器皿（图6-9）一般指餐具、茶具、酒具、花瓶、炊具、果盘等。制作器皿的材料有玻璃、陶瓷、金属、塑料、木材和竹子等。各种质地都有其独特的装饰效果，如玻璃晶莹剔透，陶器浑厚大方，瓷器洁净细腻，木质自然朴实，金属光洁华贵。

图6-9 生活器皿

6. 其他功能性陈设

功能性陈设还包括钟表、化妆品、洗涤用品、食品等日常生活用品，家具及文化用品、乐器、体育器械、健身器材等文体用品。它们不但具有实用功能性，还起到美化环境、装饰空间的作用。

6.1.2 装饰性陈设

1. 艺术品

艺术品（图6-10）包括绘画、书法、雕塑、壁画和摄影作品等，因其独特的形式、丰富的色彩、深刻的内涵、珍贵的价值，而被视为重要的室内艺术陈设品。由于艺术品具有较强的文化内涵，在选择室内陈设艺术品时，不但要使艺术品的主题与室内整体装饰主题一致，还要与主人的身份、兴趣爱好一致。如传统设计风格房间中的中国字画，西式设计风格房间中的油画，都是室内陈设设计中的点睛之笔。

室内艺术品的陈设主要供人欣赏，所以陈设位置可以设计在视线的焦点处，观赏的场地可以大一些，其内容应与空间的性质和用途相贴切。

图6-10　艺术品

2. 工艺品

工艺品（图6-11）包括的内容较多，观赏价值很高，如木雕、玉石雕、象牙雕、彩塑、漆器、景泰蓝等，具有较高的文化水平和悠久的历史。我国还有一些传统的民间工艺品，如剪纸、布贴、风筝等，都是珍贵的陈设品。

图6-11　工艺品

3．纪念品、收藏品

纪念品（图6-12a）通常包括获奖奖状、证书、奖杯、奖品或亲朋好友赠送的礼物，代代相传的物品等。这些纪念品既具有纪念意义和情感的寄托，又具有特殊的室内陈设的作用。收藏品（图6-12b）的内容非常广泛，如书画、邮票、古钱币、古玩、民间器物等。作为收藏品，它既是承载历史、文化、艺术信息的商品，又是地位、品位、修养的象征。作为陈设品，它既可使空间具有独特的情趣，又反映了主人的兴趣与爱好，给主人带来心理和视觉上的愉悦。

a） b）

图6-12 纪念品、收藏品

a）纪念品 b）收藏品

4．观赏性动植物

观赏动物常见的有鸟、鱼，观赏植物花卉种类则非常多。在室内陈列适当的观赏动物效果很不错，鱼在水中游动，鸟在笼中啼鸣，给室内空间注入生动活泼的气息。

盆景、植物花卉陈设既可以美化环境、点缀空间，又可以净化空气、陶冶性情。盆景、植物花卉作为陈设品适合于任何装饰风格的室内空间，既经济，又美观（图6-13）。

植物花卉可陈列在不同的室内空间中，如公共建筑空间、家庭居室空间等。可以在建筑的固定位置进行固定陈设；也可以移动陈设，相对固定陈设，移动陈设较为灵活；还可以依空间功能布局随时调整。植物花卉陈设方式较多。可以突出室内重点，如公共建筑的大厅中央、大门出入口处；也可以遮挡角落，如墙边、死角；还可以沿窗陈设，给植物以充分的阳光。总之，作为陈设品的植物花卉应认真选择，即从它的品种、姿态、色彩及趣味性等方面来考虑。

图6-13　盆景、植物花卉

6.2　室内陈设的方式

　　陈设品的选择是建立在主观对客观事物理解与认识的基础上的，而陈设品的陈列则是依照一定的视觉效果，依据人的知觉心理效应遵循美学原理进行的，它涉及心理学、行为学、美学、哲学等诸多因素。随着社会的发展，艺术品种类的不断增加和建筑空间环境的日益丰富，艺术陈设品的展示方式也更加多种多样。陈设得好，可以使室内设计有画龙点睛之用途，反之，则情况大相径庭。通常情况下，室内陈设的方式可以分为墙面陈设、台面陈设、橱架陈设和空中悬吊陈设四种基本类型。

6.2.1 墙面陈设

墙面陈设是指将陈设品粘贴、钉挂在墙面上的展示方式，是室内环境最常见的陈设方式。通常以书画、编织物、挂盘、浮雕等艺术品为主要陈设对象，也可悬挂一些工艺品、民俗器物、照片、纪念品、个人收藏品等（图6-14）。

图6-14　墙面陈设

墙面陈设是否合理，直接影响室内空间的视觉效果及整体性。因此，在进行墙面陈设时，应注意以下几个方面：

1）在墙面陈设品的选择上，既要注意作品的题材和室内风格保持一致，又要强调其个性、品位特征。

2）陈设品在墙面的位置选择上，应该呼应室内空间整体造型功能区域，呼应墙面及对应的家具位置，起到恰当的均衡效果。

3）注意陈设品的面积与数量。墙面宽大适宜放大作品或增加篇幅来加强气势，墙面窄小宜挂小作品。墙面陈设不要太拥挤，适度留出空隙更为重要。

4）成组的陈设，自成一体，其本身的组合排列应与整体空间环境相协调，构成室内独特的视觉区域。成组的陈设，可采用水平、垂直构图或三角形、菱形、矩形等构图方式组合，使其有规律和节奏。

6.2.2　台面陈设

台面陈设（图6-15）主要是指陈设品陈列于水平台面上的陈设方法，各种桌、台、案、几类家具等台面上所能陈列的物品是十分广泛的。台面陈设犹如一个舞台，有着无穷无尽的表演画面。陈列形式与陈列内容是十分丰富的，即使是同一个陈列品在台面上也能摆出不同的位置，形成多种变化的陈设画面。因此，在台面陈设的处理上应注意以下几点：

1）陈设品数量较多时，应将陈设品进行组合，注意构图合理，有序但又不呆板，高低错落则更显丰富的效果。

2）选择台面陈设的陈设品时，应注意它们的造型、色彩、材质等，既要考虑它们之间的协调性，又要考虑与整个室内环境的统一性。

3）陈设品的数量与大小，应根据台面空间的大小决定。陈设品可以用推的方法，也可以用铺的方法，但应以构图合理为前提。

4）陈设的题材应统一，可利用同一种形态的物品或同一材料进行陈设。

图6-15　台面陈设

6.2.3 橱架陈设

橱架陈设是一种兼具贮藏作用的展示方式，尤其对于陈设品较多的空间来说，是最为实用的陈列方式。它所能贮藏的陈设品较多，如书籍、古董、工艺品、纪念物、器皿、玩具等摆设品（图6-16）。

橱架展示包括壁架、隔墙或橱架、书架、书橱、陈列橱等多种形式。采用橱架陈设方式时，应注意以下几点：

1）橱架的造型、风格与陈设品应相协调。橱架本身的造型、色彩应单纯，否则橱架变化太多，过于复杂，则不适合突出陈设品的美感。

2）橱架的造型风格也要与室内整体环境相协调，应与室内家具配套统一，力求整体上与环境统一，局部则与陈设品协调。

3）陈设品的数量尽量要根据橱架空间的大小决定，陈设的数量不宜过多、过杂，应合理布置。

图6-16　橱架陈设

6.2.4 空中悬吊陈设

空中悬吊是利用屋顶或顶棚的位置对特定的造型和色彩的陈设品进行陈列的一种方式。这种陈设方式最大的优点是充分利用空间，对人们的活动也不会产生影响，同时很容易形成视觉中心。

将陈设品在空中进行悬吊，可以丰富空间层次，使空间生动活泼、更有情趣，当然，出于安全考虑，要求选用重量较轻的陈设品。因此，空中悬吊的物品通常选用由织物、纸类、轻金属等制成的空间雕塑或装置（图6-17）。

图6-17 空中悬吊陈设

🔗 延伸阅读与分享

分组搜集最喜欢的一组装饰性陈设（艺术品、工艺品、纪念品与收藏品等）案例，了解装饰性陈设品的陈设方式，分析装饰性陈设品蕴含着哪些艺术成就值得学习，最后小组制作相关PPT并进行分享。

第7章
室内陈设艺术设计的程序与方法

[内容提要]

室内陈设作为现代室内设计的四大内容（室内空间规划、室内装修设计、室内物理环境设计、室内陈设设计）之一，对室内设计的成功与否有着重要的意义。因此，室内陈设艺术设计对现代室内空间设计起到了很大的作用。本章主要介绍室内陈设艺术设计的目的与任务、原则与方法以及室内陈设艺术设计的程序。

[知识目标]

◆ 掌握室内陈设艺术设计的目的与任务。
◆ 掌握室内陈设艺术设计的原则与方法。
◆ 掌握室内陈设艺术设计的程序。

[能力目标]

◆ 会利用设计的原则与方法进行室内陈设艺术设计中。
◆ 能综合运用所学知识进行室内陈设方案的设计与创新，以及图纸的设计与绘制。
◆ 能与客户就陈设艺术设计方案进行交流与沟通。
◆ 能运用马克笔、彩色铅笔等工具表现陈设艺术构思方案效果图。

[素质目标]

以文化传承、创新精神为切入点，通过学习优秀的设计案例以及优秀设计作品，提炼隐喻在设计作品中的"文化传承"和"创新精神"等元素，并培育专注坚持、一丝不苟、精益求精的价值取向和工作态度。

室内陈设艺术设计以表达一定的思想内涵和精神文化为着眼点，起着其他物质所无法替代的作用。它对室内空间形象的塑造，气氛的表达，环境的渲染起着锦上添花、画龙点睛的作用。因此，室内空间如果没有陈设品将是十分乏味和缺乏活力的，犹如仅有骨架没有血肉的躯体一样，是不完美的空间。可见，室内陈设艺术设计在现代室内设计中占据了重要的位置。

7.1 室内陈设艺术设计的目的与任务

7.1.1 室内陈设艺术设计的目的

室内陈设是指在室内设计过程中，设计者根据环境特点、功能需求、审美要求、使用对象要求和工艺特点等，精心设计出高度舒适、高艺术境界、高品位的理想环境。室内陈设艺术设计的目的主要体现在物质建设和精神建设两个方面（图7-1）。

物质建设指的是以使人体生理上获得健康安全、舒适便利为主要目的，并且兼顾实用性与经济性，不一味地追求形式和奢华的表面性东西。而精神建设主要体现在艺术性和个性两个方面。室内陈设的艺术性必须遵循最基本的美学原理，个性则是一个广泛的话题，反映了空间主人本身的一些喜好和内心世界。室内陈设设计如果千篇一律则没有了趣味，非常个性的陈设设计如果失去了最基本的原则，就会太自我而不被大众审美所接受。由此可见，室内陈设艺术设计的两个目的也是相互紧扣不能分开的。

图7-1 欧陆风格的空间陈设（一）

7.1.2 室内陈设艺术设计的任务

随着室内设计行业的不断发展，行业竞争日趋激烈，行业分工逐步精细，便衍生了室内陈设设计这一新兴名词。室内陈设设计又称室内软装饰设计、装饰装潢设计等。

室内陈设艺术设计的任务可以从两大方面进行阐述。一是更好地满足对空间环境的使用功能要求，即功能性需求；二是更好地衬托室内气氛，强化室内设计的风格，即装饰性需求（图7-2）。

图7-2 欧陆风格的空间陈设（二）

室内陈设艺术设计的功能性需求主要体现在对室内水平（地面、顶等）和垂直（墙、隔断、柱等）界面的特定的艺术化的、个性化的装饰手段进行再次加工、分割，使空间的布局更为合理，层次更加丰富，空间的流动更加畅通。同时对室内相关产品包括家具、织物、植物、日用品以及装饰物的陈设方式进行系统的布置乃至重新设计制作，以求最大限度地满足使用者的使用要求。

现代室内陈设艺术设计的装饰性需求主要体现在运用现代的装饰手法包括声、光、色等技术柔化空间，烘托特定的气氛。同时运用不同的装饰技法来强化不同的风格，张扬性格，凸显个性，体现设计者深蕴的内涵。

7.2 室内陈设艺术设计的原则与方法

7.2.1 室内陈设艺术设计的原则

室内陈设艺术设计的一般原则，事实上是探讨陈设品在室内空间中存在的形式美法则。在现实生活中，人们因为生存的环境、所受教育、经济地位、文化素质、思想习俗、生活理想、价值观念等的不同而有不同的审美追求。这种形式美法则存在的依据是在人类社会长期生产、生活实践中积累的客观存在的美的形式法则。

1. 统一性原则

统一性原则就是利用家具、织物、艺术品、植物等陈设品组织摆放形成一个整体，成为室内一景，营造出自然和谐、雅致的空间氛围。统一性原则可以从色彩、形态、艺术风格等几方面来运用（图7-3）。

图7-3　和谐统一的空间陈设

首先，在色彩上应在同一色相中选择不同明度和纯度的变化形成室内整体色彩的统一。这将很容易将室内各元素统一在色调中。同时还可选择互补色来形成室内空间的整体色彩（图7-4）。

其次，在形态上应选择大小、长短、粗细、方圆等同一造型的物体形态进行室内陈设以形成形态的统一（图7-5）。

图7-4 色彩统一的空间陈设　　　　图7-5 形态统一的空间陈设

最后，在艺术风格上应选择与室内空间整体风格相统一的陈设品来形成整体艺术风格的统一。例如，选择家具时尽量挑选颜色、式样格调一致的，或最好成套定制，以达到整体艺术风格的统一（图7-6）。

图7-6 风格统一的空间陈设

2. 均衡性原则

均衡性原则是以一点为轴心，求得上下、左右的均衡。在古典风格设计中，使用陈设品对称的设计原则谋求空间的均衡之美。现代陈设设计原则在基本对称的基础上进行变化，形成非对称。对称的布局形式反映的效果是严肃、稳定、静态的氛围（图7-7和图7-8）。非对称的布局形式反映的效果是活泼、灵活、动态的氛围。

图7-7 对称布局的空间陈设（一）

图7-8　对称布局的空间陈设（二）

3. 主从和谐原则

主从和谐原则是指某一室内空间陈设中各要素之间相互关系时，体现出主次分明、重点突出、整体和谐的关系（图7-9）。

图7-9　主从和谐的空间陈设

一个成功的室内陈设设计，既要体现两种以上要素，或部分与部分相互关系时各部分带给人们的感觉是一种整体协调的关系，又要体现明确的主从关系，对某部分的强调，打破全局的单调感，使整个室内空间变得有朝气，形成一个视觉中心。

7.2.2 室内陈设艺术设计的方法

1. 形态搭配法

形态搭配法是利用相同形态的统一或是不同形态的对比来进行组织编排、搭配。在室内整体空间陈设设计中，各形态的搭配通常遵循节奏与韵律的审美原则，节奏与韵律是通过体量大小的区分、空间虚实的交替、构件排列的疏密、曲柔刚直的穿插等变化来实现的。具体手法有连续式、渐变式、起伏式、交错式等（图7-10）。

图7-10 形态搭配的空间陈设

2. 色彩搭配法

色彩搭配法是利用两种或两种以上的色彩的和谐统一或对比来进行组织、搭配。

利用两种或两种以上的色彩有秩序地、和谐地组织在一起时，使人们感到身心愉悦。这种配色通常称为调子配色法，一般分为浅色调、深色调、冷色调、暖色调、无彩色调。不同的色调形成不同的环境氛围。深色调的空间给人以神秘、沉重、压抑、炫酷的感觉；冷色调的空间给人以沉静、清爽的感觉；暖色调的空间给人以热烈、欢快、喜悦的感觉；无彩色调的空间氛围比较理性，是比较个别的群体喜欢选用的色调（图7-11、图7-12）。

图7-11 色彩搭配的空间陈设（一）

图7-12　色彩搭配的空间陈设（二）

　　利用两种或两种以上的色彩的明度、灰度、彩度进行对比配色，通常称为对比配色法。一般分为明度对比、灰度对比、冷暖对比、补色对比。同样，在室内空间陈设设计时，不同类的色彩对比形成不同的视觉效果。明度对比的空间陈设体现单纯、宁静的氛围；对于灰度对比的空间陈设，要注意灰度的面积和纯度面积的对比；冷暖对比主要指利用色彩带给人的不同心理感受来满足人们对空间的使用需求。其中补色对比是冷暖对比中最为激烈的对比，因为它可产生比其他冷暖对比更强烈、更丰富的效果（图7-13、图7-14）。

图7-13　色彩搭配的空间陈设（三）

图7-14　色彩搭配的空间陈设（四）

3. 风格搭配法

风格搭配法是指利用各种风格特定的陈设要求而进行选择搭配。风格的种类较多，而且不同时期的空间效果又随时代材料、工艺、审美观点的变化而变化。在此主要选择以下几种目前流行的风格进行介绍。

（1）西方古典风格

西方古典风格特指选择具有欧美风格的陈设品进行室内氛围的塑造。同样还需要配合同样风格的室内装修，来共同达到理想的氛围。通常选择巴洛克或是洛可可风格的家具、灯具、寝具等陈设品进行室内的装饰（图7-15）。

图7-15　西方古典风格的空间陈设

（2）新中式风格

新中式风格是指选用具有中式古典风格的家具和装饰品进行室内空间的布置。在室内空间陈设时，按照现代的生活模式，但是家具的形态、色彩以及摆放的位置还是保留中国传统文化的特点，并配以传统的青砖、白墙等界面装修的形式，达到新时期传统文化的一种回归，成为现代文人追捧的形式（图7-16）。

图7-16　新中式风格的空间陈设

（3）现代简约风格

现代简约风格强调以功能主义为先，在室内不放置过多的物品，往往一件物品可以有多种功能。在室内空间陈设中，每件物品都是设计的精品，无任何繁杂、多余的装饰（图7-17、图7-18）。

图7-17 现代简约风格的空间陈设（一）

图7-18 现代简约风格的空间陈设（二）

（4）混搭式风格

混搭式风格是一种选取精华的心态的再现，人们将自己喜爱的风格中的经典饰品进行重新搭配，东西文化的冲撞、戏剧化的表现、和谐，反而产生一种新的氛围效果。混搭式风格是目前较流行的一种风格（图7-19、图7-20）。

图7-19　混搭式风格的空间陈设（一）

图7-20　混搭式风格的空间陈设（二）

7.3 室内陈设艺术设计的程序

7.3.1 任务的承接

目前，室内陈设艺术设计作为单独的工作还没有像其他设计那样独立出来，它是室内设计的一个延续。通常情况下，陈设艺术设计的项目都是由甲方委托室内设计公司或相关设计公司，以及通过邀标和招标的形式完成任务的承接。

目前，室内陈设艺术设计的任务大多数是由室内设计公司来承接的。随着"轻装修、重装饰"理念的提出，市场上出现了专业陈设艺术设计公司，但数量较少。

任务承接后，需要对甲方提出的要求及要达到的目标进行分析、研究。对该项目的相应空间的行为要求的研究、与室内设计风格相协调的陈设设计风格的研究，对可供选择陈设品的分类整理等工作都可以分组进行安排。

7.3.2 设计方案的提出

经过对甲方提出的要求进行分析、研究后，作为设计公司必须向甲方提供设计方案。设计方案的提出需要设计师从甲方设计要求、空间性质、设计风格等因素综合考虑。在甲方设计要求方面，尽量在设计的想法、构思上与甲方负责人探讨、沟通，使方案的构思目的性明确；在空间性质方面，充分考虑不同空间的功能、特性，营造出舒适、和谐的陈设空间环境气氛；在设计风格方面，设计师要熟知各种设计风格的特点，在具体的室内陈设时需要以室内设计风格为参考来确定。

7.3.3 设计方案的表达

1. 概念图片

在确认相应的设计风格后，根据空间类型、空间性质，设计师对此空间的整体构思，挑选相应的参考图片贴成图板向甲方汇报、交流。由于图片反映物品的真实效果，甲方很容易辨识相应的内容，可以更直观地感受到设计师的意图，能比较准确地表达设计理念，对方案的确定有很大的帮助（图7-21）。

图7-21　概念图片展示

2. 平面方案图

此阶段，设计师根据整个空间的需要，将概念图片进行整理、调整。在平面方案图中，将各空间内容中大件的陈设品数量进行标示，过小的物品诸如台面小摆件在图中可忽略不计。平面方案图的主要作用是便于显示出中大件陈设品的具体信息，便于甲方从整体上感受整体空间效果和控制成本造价（图7-22）。

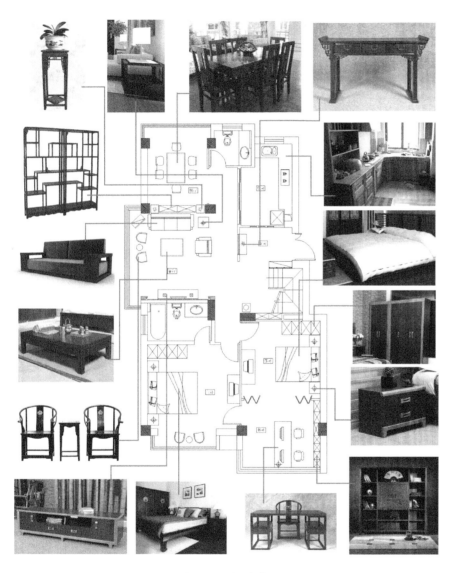

图7-22　平面方案图

3. 透视图

概念图片、平面方案图只能示意性地表示所选物品的效果，对表现空间效果有一定的局限性。因此，将各个空间绘制成空间透视图，更有利于对方案的表达和阐述。由于空间透视图表现的是三维空间，所以可以很好地将陈设品充分地在各空间中表现出来。同时再利用图片的指示作用，清楚、直观地表达出来，有利于交流、沟通（图7-23）。

图7-23　透视图

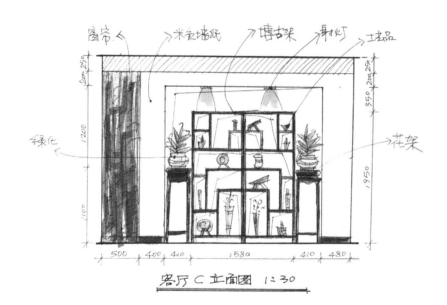

图7-24　立面图

4. 方案的确定

在经过与甲方讨论设计方案后，设计师按照既定的设计思路进一步完善设计方案。方案确认后，最终完成整套图样。这里所指的图样内容主要包括最终平面图，以及主要的立面图（图7-24），通常情况下不包括节点图和大样图。

另外，设计师最后必须制作一个图表，将所选择的物品分别按照空间、位置、物品名称、数量、颜色、质地等表达出来，便于选择与购置。

7.3.4 设计方案的实施

设计方案的实施阶段主要是对陈设进行布置。具体实施由所承接的设计公司派工作人员到甲方项目实地，将所有的物品按照图样要求进行布置，最后由设计师一人做全面的统筹，对最终效果负责。

🔗 **延伸阅读与分享**

分组搜集最喜欢的一套陈设设计作品，了解该作品的设计目的与任务、设计风格、设计方法，透过作品分析设计师们有什么值得学习的品质，最后小组制作相关PPT并进行分享。

第8章
典型空间的家具与陈设

[内容提要]

　　空间是设计中一个十分重要和常用的概念。所谓空间，就是由界面（地面、墙面和顶棚等）所限定的视觉上的范围。建筑空间根据不同的使用需求有不同的使用功能，而这些功能又强化了空间的特性。因此，在室内空间中，家具与陈设的布置既要符合空间使用功能的要求，又要满足美学功能的要求。本章主要介绍典型空间的家具与陈设的布置方法与技巧。

[知识目标]

◆ 掌握不同空间对家具与陈设的具体要求和特点。

◆ 掌握不同空间的家具与陈设布置的具体思路和方法。

◆ 通过本章的学习，提高分析问题、解决问题的能力。

[能力目标]

◆ 能正确分析不同空间的家具与陈设的具体要求及特点。

◆ 能对不同空间的家具与陈设进行分析比较，并解决问题。

◆ 能对不同空间的家具与陈设布置提出具体设计思路和方法。

[素质目标]

　　学习优秀的设计案例，对优秀设计作品进行分析，提炼设计作品中的职业道德与质量意识等元素，培养良好的道德修养，树立节能环保、遵纪守法等意识。

8.1　居住空间

　　对于居住空间来说，家具与陈设是影响室内设计的重要因素。居住室内环境要求设计师能够营造出舒适而和谐的氛围，满足各种使用功能和美学功能的要求。家具与陈设的合理安排和对空间的有效利用，不仅可以美化生活环境，而且可以增加生活情趣，体现主人的职业特征、性格爱好、艺术修养及审美情趣。

8.1.1　客厅

　　客厅作为一个会客和家庭居室中最具开放性的空间，家具与陈设的选择应与整个客厅的设计风格一致，其基本原则是根据房间大小和所要营造的风格、氛围来选择。大房间宜选择庄重、大气的；小房间宜选择小巧、轻盈的。但无论如何都应注重品质、样式以简洁为上，能展现居住者的个性、爱好和兴趣等。

　　客厅的家具在款式上以庄重、大方、比例协调和美观为宜。在色调上，家具的颜色与房间装饰的色

图8-1　客厅家具与陈设（一）

调一致，以暖色调为主，烘托环境气氛。客厅的陈设应注重文化内涵，格调高雅，宜少不宜多，更不宜以低俗的、杂乱的东西随意充斥（图8-1、图8-2）。

图8-2　客厅家具与陈设（二）

8.1.2 卧室

卧室是人们休息和睡眠的活动空间，对私密性和宁静感有特殊的要求。卧室的室内家具与陈设讲究实用，合理划分功能区域。整个区域注重室内环境的整体效果，突出卧室的功能，合理使用灯光照明，舒适宜人。一般情况下，卧室的色调以暖色为宜，但也可以按照主人的性格和爱好，对室内家具与陈设的色调进行合理搭配或调整。

卧室设计的核心是床和衣橱，床的摆设要讲究合理性和科学性。床和床单的选择很大程度上将影响整间卧室的陈设，相对而言，床单更容易改变整个卧室的风格（图8-3、图8-4）。

图8-3　卧室家具与陈设（一）

图8-4 卧室家具与陈设（二）

8.1.3　儿童房

儿童房是小孩休息、睡眠和学习的场所。除了对私密性和宁静感有要求外，还要体现小孩成长过程中每一个年龄段的不同生活需求。因此，儿童房中的家具与陈设，既要布置得温馨、轻松，又要体现儿童成长的一些性格特点。家具的选择在造型、色彩搭配上要合理，还可根据空间的需要，用简单多种色块组合式的橱柜，经常换位还会让儿童有新鲜感，同时还要追求活泼、有效的效果。陈设尽可能选择鲜艳的色彩、可爱的动物造型、雅气的花朵等，营造出舒适、明亮、活泼和温馨的环境（图8-5、图8-6）。

图8-5　儿童房家具与陈设（一）

图8-6 儿童房家具与陈设（二）

8.1.4　书房

　　书房是人们工作、学习的场所。其家具主要由写字台、工作台、书柜、座椅和沙发组成。书房家具的款式要求设计简洁，突出书房主题，具有庄重、典雅、大方的风格。在造型上，力求错落有致、高矮合适、比例恰当、形式优美等。在色彩上，采用给人以宁静、舒适的心理感受的冷色调为主。书房的陈设可根据空间的大小，适当布置一些盆景、字画以体现书房的文化氛围。同时，在书柜中可留出一些空格来放置工艺品以活跃书房气氛（图8-7、图8-8）。

图8-7　书房家具与陈设（一）

图8-8　书房家具与陈设（二）

8.1.5　餐厅

　　餐厅是家人进餐的主要场所，它的使用率极高，要求尽可能方便、舒适，具有亲切、洁净、令人愉快的家庭气氛。餐厅的家具与陈设布置，应注意与居室整体格局设计统一。餐厅的家具主要由餐桌、椅及酒

柜三部分组成。陈设由于其功能的特性，宜用垂直绿化形式在竖向空间
上，以垂足或挂嵌等形式点缀以绿色植物。其他软装饰品陈设主要采用
字画、瓷盘和壁挂等，但注意不要喧宾夺主，以免餐厅显得杂乱无章
（图8-9）。

图8-9　餐厅家具与陈设

8.1.6 厨房

厨房是烹饪、餐饮的场所，是家人重要的生活空间。随着生活水平的提高，传统的厨房已经不能满足现代生活的需要。所以，厨房规划及厨房家具与陈设，成为现代住宅中不可忽视的重要内容。现代科技的发展及厨房设备的现代化，对厨房家具与陈设提出了更高的要求。

厨房的面积有限，在对厨房的家具与陈设进行布置时，要充分地利用好空间。例如，作业台应包括水槽、调理台及烤炉、烤箱等，而厨房作业台的下方同时也可作为收纳调理用品的地方。灶台的两侧应考虑配料台和备餐台，这样操作时才会井然有序。厨房中除了作业台下的低柜可以储藏一定的物品外，在没有油烟机的位置上还可以考虑设计吊柜（图8-10）。

图8-10　厨房家具与陈设

8.2 公共空间

公共空间是满足人们聚集、集会、相互交流学习等需要的公共场所，例如酒店、影剧院、飞机场、展览馆、会议中心等建筑空间的公共部分。此类空间的家具方面宜根据功能环境需求，提供相当数量的休息椅、沙发、茶几等。陈设方面有一处或几处引人注目的重点陈设艺术设计，陈设品多为大型的雕塑、绘画等艺术品。雕塑艺术品主要是根据地面区域划分，运用不同的材料和图案，达到陈设设计的目的。绘画艺术品主要用于壁面的陈设艺术设计，在重点墙面、服务台背景墙面都可以大做文章，其选用的题材种类较多，例如具象的人物绘画、浮雕的巨幅壁饰、织物抽象软雕塑等。

总之，公共空间的陈设艺术设计应体现简洁、大方、醒目、独特、讲究气势，符合多数人的爱好，并有较强的吸引力（图8-11）。

图8-11 公共空间家具与陈设

8.3 商业空间

　　现代社会中，购物与消费已经成为人们生活中不可缺少的一部分，商业环境中空间的设计与规划直接关系到市场经营在竞争中的地位。因此，商业空间中的家具与陈设的布置、设计都应以突出商品为宗旨。

　　商业空间中的家具与陈设必须满足展示与实用的功能要求。在进行家具与陈设的布置时，应将实用性与艺术性融为一体，体现地域文化和内涵，强调商业效应，进而烘托出环境的吸引力，以及提升商品的吸引力（图8-12）。

图8-12　商业空间家具与陈设

8.4 餐饮空间

餐饮空间是满足人们就餐的空间场所。它既要让人们的口腹得到满足，又要让人们在视觉上得到愉悦。因此，餐饮空间的陈设品的布置对形成良好的就餐环境氛围是至关重要的。

餐饮空间的陈设形式是由多种因素决定的，它既可以是单一的要素，也可是多种要素的组合，它们通过空间形态、色彩、照明、装饰和材质等因素来控制整体环境气氛，并通过一个占主导地位的视觉形态来统一格调，形成整体陈设的表达。由于餐饮形式的不同，对就餐空间陈设的要求也不同，通常有以下几种餐饮空间。

1. 宴会厅

宴会厅的空间陈设需要体现出富丽、华贵、明亮、热烈的氛围。因此，陈设的重点放在餐桌的摆放形式、餐桌椅的装饰、台面餐具的摆放形式上（图8-13）。

图8-13 宴会厅家具与陈设

2. 中餐厅

中餐厅的空间陈设设计主要是指具有中国传统风格的餐厅的陈设。由于传统中餐菜品的种类众多又会有多种地域形式表现，因此可以运用中国传统风格作为基调，结合中国传统建筑构件，如以梁枋结构、红漆柱等作为基础，同时通过塑像、书法、绘画、器物等摆放，经过提炼塑造出庄严、典雅、敦厚方正的陈设效果，呈现出脱俗的新境界（图8-14）。

图8-14 中餐厅家具与陈设

3. 西餐厅

西餐厅的空间陈设既要体现出安静、舒适、幽雅的环境氛围，又要体现西方人的餐饮礼仪与文化品位。其陈设的内容主要包括厚重的窗帘、华丽的吊灯、台灯、漂亮的餐具及具有西方情韵的绘画、雕塑等，同时还常常配置钢琴、体积较大的插花等（图8-15）。

图8-15　西餐厅家具与陈设

4. 风味餐厅

风味餐厅的空间陈设主要根据菜品的地方特点、就餐形式进行合理设置，因此陈设的重点在于深入了解当地风土人情，利用当地绘画、图案、雕塑、器皿、趣味灯饰等进行布置。风味餐厅的空间陈设既要体现地方美食，又要体现地方的餐饮文化（图8-16）。

图8-16　风味餐厅家具与陈设

8.5 办公空间

现代办公空间设计是基于对企业类型和企业文化的深入理解，从而对办公空间的布局、通风、流线、色调等提出前瞻性构思。办公空间是以创造良好的室内空间环境为宗旨，将满足人们在室内进行生产、生活、工作和休息的要求置于首位。因此，此类空间的家具与陈设主要是体现公司的精神和审美情趣，给员工高效、舒适、宜人的工作环境，给来宾以信心，相信公司的实力和品位。此类空间的家具选择和使用，尽可能重视其形式和装饰的要求。而陈设品的选择上，不在多而是精，一般以体现公司精神的雕塑、绘画、工艺品等艺术品作为空间的主要陈设品（图8-17）。

图8-17 办公空间家具与陈设

🔗 延伸阅读与分享

分组搜集一套典型的空间家具与陈设设计作品，了解该作品的设计目的与任务、设计风格、设计方法，透过作品分析设计师们有什么值得学习的品质，最后小组制作相关PPT并进行分享。

第9章
家具与陈设设计案例

[内容提要]

    家具与陈设设计是一种创造性的活动。设计师在掌握基本理论的同时，应拓宽设计思路，对家具与陈设设计所需要的相关内容进行整体规划设计。家具与陈设设计所涉及的内容较广，如客户的需求、空间的性质、设计风格等，这些因素对家具与陈设设计的主题确定至关重要。本章主要介绍不同风格类型的家具与陈设设计案例，展现家具与陈设设计方案的全过程，以使读者对家具与陈设设计有更深的认识。

[知识目标]

◆ 掌握不同风格类型的家具与陈设的设计特点及相关知识。

◆ 掌握设计案例的表达及表现方法。

[能力目标]

◆ 能对不同风格类型的家具与陈设的设计特点进行综合分析。

◆ 能对不同风格类型的家具与陈设进行比较分析，并解决问题。

◆ 能对不同风格类型的家具与陈设布置提出具体设计思路和方法。

[素质目标]

    学习优秀的设计案例，以及优秀设计作品分析，提炼设计作品中的"文化传承""创新精神""职业素质"等元素，设计上追求独具匠心，质量上追求精益求精，技艺上追求尽善尽美的工匠精神，树立发展意识、强烈的责任感。

设计案例1　万里蹀躞·归——美式轻奢风格家具与陈设（软装）设计（图9-1～图9-15）

1. 客户分析

    本设计案例客户是一个三代同堂的家庭，男女主人公、一个尚幼的女孩，以及主人公父母。男女主人都从事时尚行业的工作，因工作性质、兴趣爱好，要求居住环境简约而又不失奢华。

2. 主题定位

    本设计案例以低调内敛为主题，将自带舒适感的木质材料引入空间中，并配以简单却不失风格的特色

图9-1　方案封面图

家具，独特个性的陈设搭配空间的硬装修，营造出一种低调奢华的美式气息，使气质上更具感染力。让主人陶醉其中，体味家的暖心、精致。

3. 风格定位

本设计案例为美式轻奢风格。在美式线条的仪式感和复古元素中夹杂一些现代轻奢风格的高价感，着力打造简约、舒适、低调而内敛的生活品质，同时又不失高贵与奢华。目前该风格在市场上脱颖而出，更加受大众喜爱。

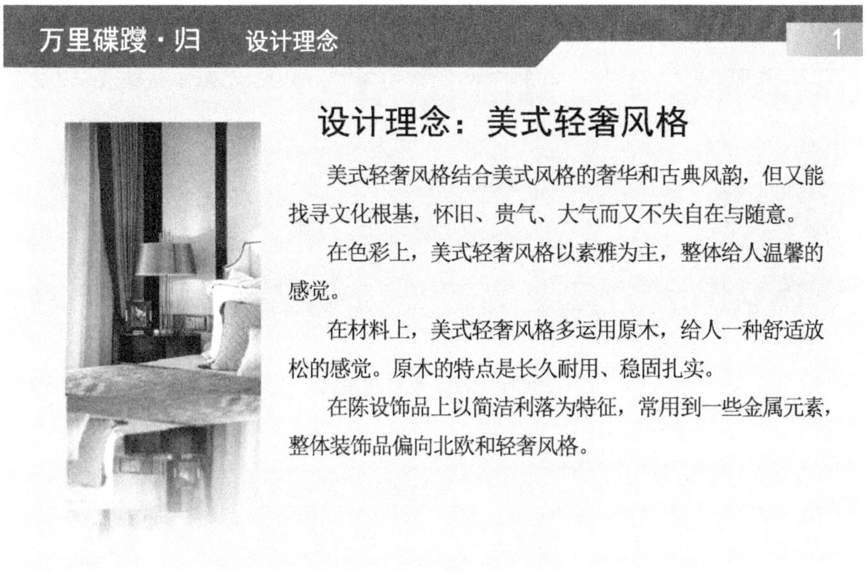

万里碟躞·归　设计理念　　　　　　　　　　1

设计理念：美式轻奢风格

美式轻奢风格结合美式风格的奢华和古典风韵，但又能找寻文化根基，怀旧、贵气、大气而又不失自在与随意。

在色彩上，美式轻奢风格以素雅为主，整体给人温馨的感觉。

在材料上，美式轻奢风格多运用原木，给人一种舒适放松的感觉。原木的特点是长久耐用、稳固扎实。

在陈设饰品上以简洁利落为特征，常用到一些金属元素，整体装饰品偏向北欧和轻奢风格。

图9-2　方案设计理念

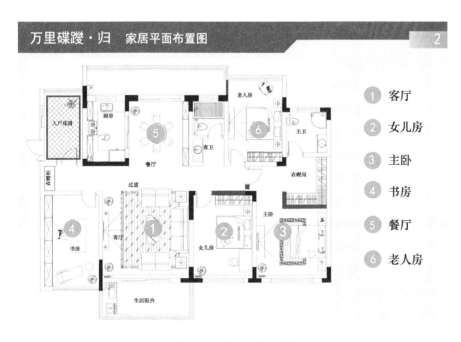

万里碟躞·归　家居平面布置图　　　　　　2

① 客厅

② 女儿房

③ 主卧

④ 书房

⑤ 餐厅

⑥ 老人房

图9-3　家居平面布置图

图9-4　客厅家具与陈设

图9-5　客厅透视效果图

4. 色彩定位

本设计案例以高级质感的中性色为主调，如牙白色、奶咖色、炭灰色或米杏色等，再配以当下轻奢风格喜爱的黄铜元素进行点缀。通过家具与陈设的巧妙混搭，以及浅灰色和浅蓝色的合理运用，让整个空间气质得以提升，最大化彰显华丽的格调，尽显现代时尚优雅的风范，给人以简洁、淡雅、温暖、舒适的视觉感受。

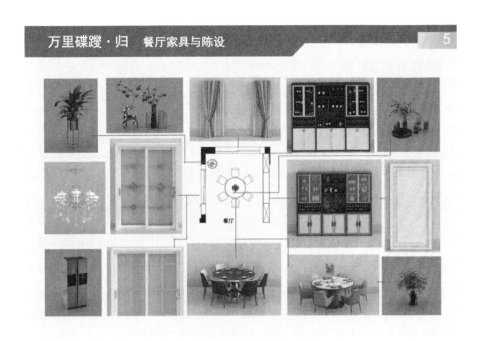

图9-6　餐厅家具与陈设

图9-7　餐厅透视效果图

5. 材质定位

本设计案例材质主要包括大理石、黄铜、丝绒、皮饰、瓷砖以及木饰面等，经过巧妙的组合搭配，提升了整体空间的奢华感。家具与陈设配以壁纸、纺织品、皮毛等材质元素，以营造美式轻奢的氛围。陈设品的材质多为铜、钢等，更显低调内敛，同时又具有表现性，将视觉效果发挥到极致。

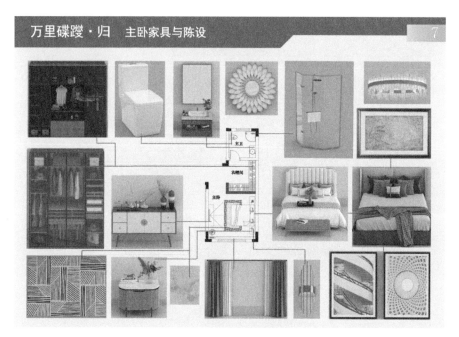

图9-8　主卧家具与陈设

图9-9　主卧透视效果图

图9-10 女儿房家具与陈设

图9-11 女儿房透视效果图

图9-12　老人房家具与陈设

图9-13　老人房透视效果图

图9-14 书房家具与陈设

图9-15 书房透视效果图

设计案例2　洗净铅华·真——东南亚风格家具与陈设（软装）设计（图9-16～图9-30）

1. 客户分析

本设计案例客户是一对年轻的夫妇，以及一个年幼的女儿。男主人是高级白领，女主人是大学教师，他们共同的爱好是旅游，热爱大自然。偏爱亲近自然，回归本真的居住环境。

2. 主题定位

本设计案例以融合为主题，将不同质感的材料，以及不同的色彩色系进行交融与碰撞，营造出一种自然温馨，而又不失热情的氛围，使主人在家中感受着回归自然的视觉体验。

3. 风格定位

本设计案例为东南亚风格。东南亚风格最大的特点是比较接近自然，大多采用手工工艺和原木，原始材料的混合搭配带给人们一种自然的朴实感，是能抒发身心的一种风格。而这种风格与客户亲近自然、回归本真的想法不谋而合。

图9-16　方案封面图

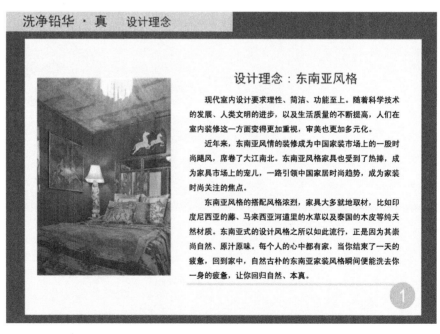

图9-17　方案设计理念

4．色彩定位

本设计案例以复古典雅的软黄色色系为主，配上地面同色系的复古地砖，显得既整体又不失变化，同时也形成了软硬材质的对比。家具是经典的深棕色系，显得沉稳大气；陈设以红黄蓝色系的搭配，使东南亚风格与传统有机融合；红色系与绿色系作为点缀色，体现了现代与传统、古与今的交汇，碰撞出兼具自然与复古风味的视觉感受。

5．材质定位

本设计案例材质以实木为主，配以一些轻质天然原料，如藤条、竹子、石材、青铜和黄铜等，来营造原汁原味、自然的东南亚气息。同时金属材质的灯饰、大红色东南亚经典漆器的饰品，让整个空间散发出浓浓的异域气息，禅意十足，静谧而富有哲理意味。

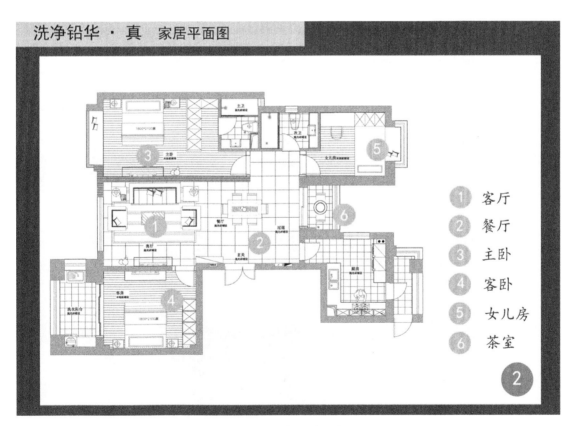

图9-18　家居平面图

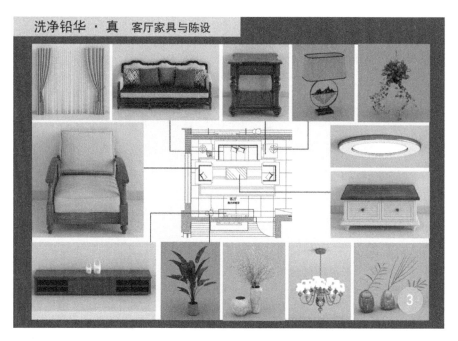

图9-19　客厅家具与陈设

图9-20　客厅透视效果图

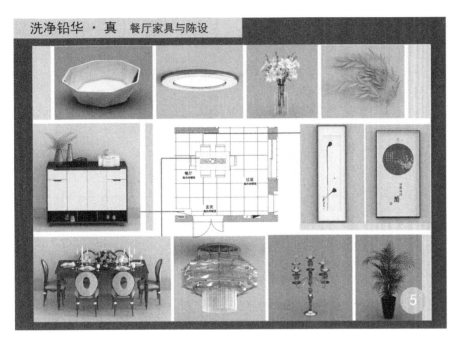

图9-21 餐厅家具与陈设

图9-22 餐厅透视效果图

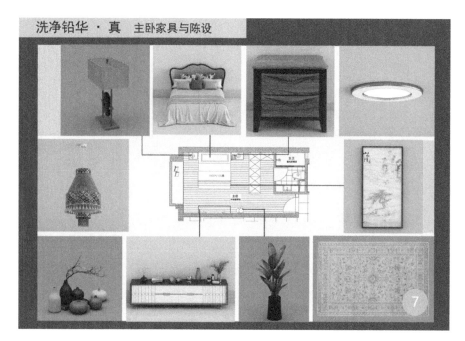

图9-23 主卧家具与陈设

图9-24 主卧透视效果图

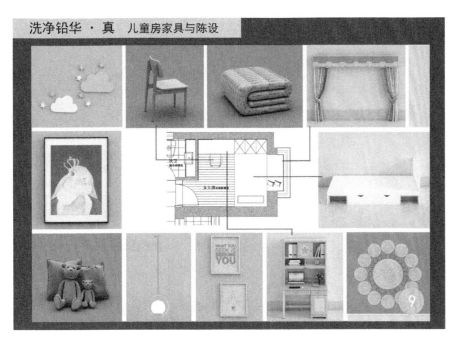

图9-25　儿童房家具与陈设

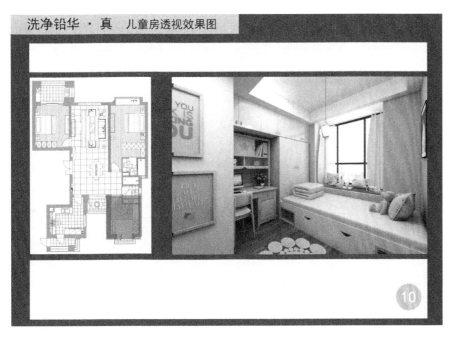

图9-26　儿童房透视效果图

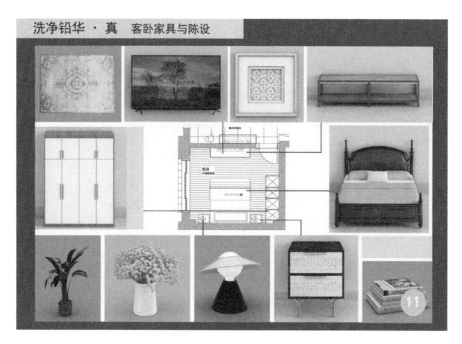

图9-27 客卧家具与陈设

图9-28 客卧透视效果图

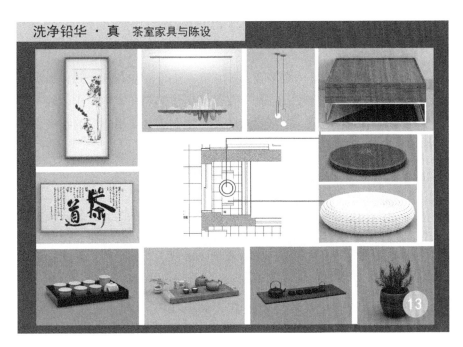

图9-29 茶室家具与陈设

图9-30 茶室透视效果图

设计案例3　漫绿·香颂——现代法式风格家具与陈设（软装）设计（图9-31~图9-43）

1. 客户分析

本设计案例客户是一对年轻夫妇，有一个十岁左右的女儿。男女主人公均为媒体工作者，收入较高，有部分工作需要在家中完成。因工作性质及方式、兴趣爱好，客户要求居住环境在满足使用功能的基础上，要体现一种时尚且浪漫的生活格调。

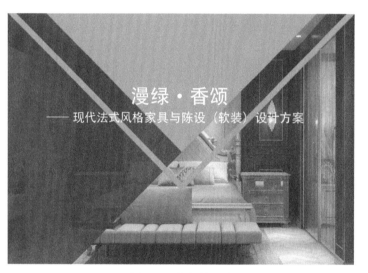

图9-31　方案封面图

2. 主题定位

本设计案例以自然为主题，将优雅、高贵、浪漫、时尚的法式元素融入其中。在空间环境上营造出一种诗意，使气质上更具强烈的感染力，布局上带来浓浓的浪漫气息，使人陶醉其中。

3. 风格定位

本设计案例为现代法式风格。现代法式风格保留了法式风格中的浪漫、时尚，同时拥有了轻奢风格中的奢华。将铺陈雕琢得更加精致，也更加实用，迎合了当代年轻人的需求，也非常契合客户时尚且浪漫的生活格调。

图9-32　方案设计理念

4. 色彩定位

本设计案例以多肉的自然色为灵感，以深绿色为主调，再配以莫兰迪色系特有的灰粉色彩进行点缀。跳出了传统黑白灰的色彩搭配理念，大胆使用绿色，突出了独一无二的特点，并且绿色墙面与金色线条的融合能给予主人高贵、典雅、端庄的生活体验，很好地配合了法式风格中点缀在自然中，崇尚冲突之美的特点。

5. 材质定位

本设计案例的配饰主要为描金瓷器、附着自然花纹的银器，以及不同样式的金属以及水晶制品。灯饰以水晶灯以及表面为金属材质的落地灯为主。布艺多以丝绒、丝绸为主，在保证舒适的同时，也给人带来高贵、典雅的气氛。

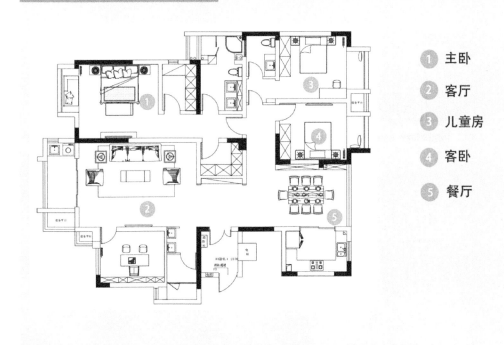

图9-33　家居平面图

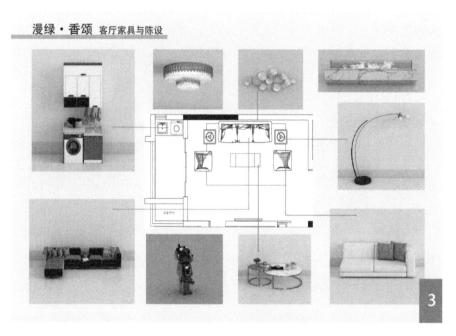

图9-34　客厅家具与陈设

图9-35　客厅透视效果图

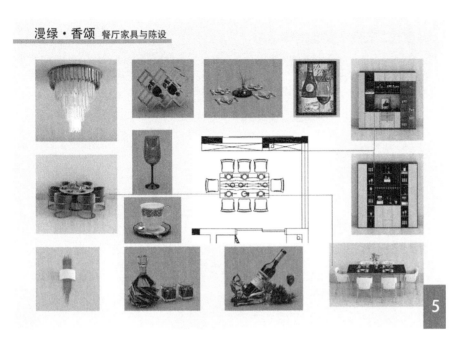

图9-36　餐厅家具与陈设

图9-37　餐厅透视效果图

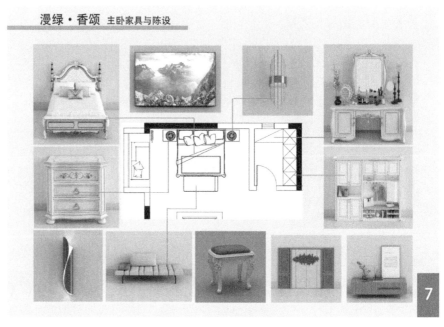

图9-38　主卧家具与陈设

图9-39　主卧透视效果图

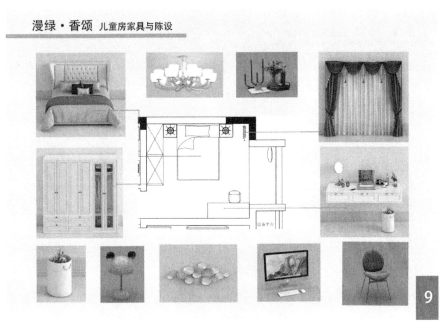

图9-40 儿童房家具与陈设

图9-41 儿童房透视效果图

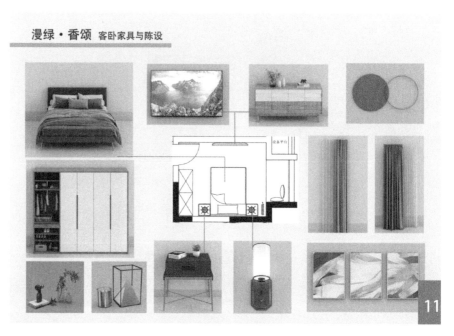

图9-42 客卧家具与陈设

图9-43 客卧透视效果图

设计案例4 落拓·栖——后现代风格家具与陈设（软装）设计（图9-44～图9-58）

1. 客户分析

本设计案例客户是一对年轻的夫妇，以及一个年幼的女儿。男主人是高级白领，女主人是音乐教师。他们热爱生活，热爱音乐，追求时尚、自由、浪漫的生活情调，酷爱时尚及独特新颖的居住环境。

2. 主题定位

本设计案例以时尚为主题，空间设计集传统与现代、古典与时尚于一体，并配以简洁又充满装饰细节的家具，以及独特个性的陈设。在空间环境上营造出一种卓越独特的氛围，使气质上更具感染力。

3. 风格定位

本设计案例为后现代风格。后现代风格强调突破传统，将古典构件的抽象形式以新的手法组合在一起，并以复杂的视觉语言挑战居住者的感知方式，汇聚形成统一的空间语言，着力打造时尚、个性、卓越而浪漫的生活品质。

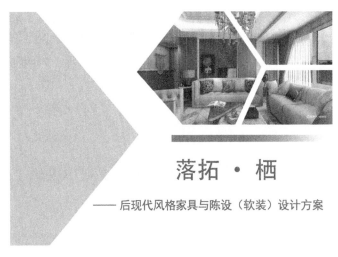

落拓 · 栖
—— 后现代风格家具与陈设（软装）设计方案

图9-44 方案封面图

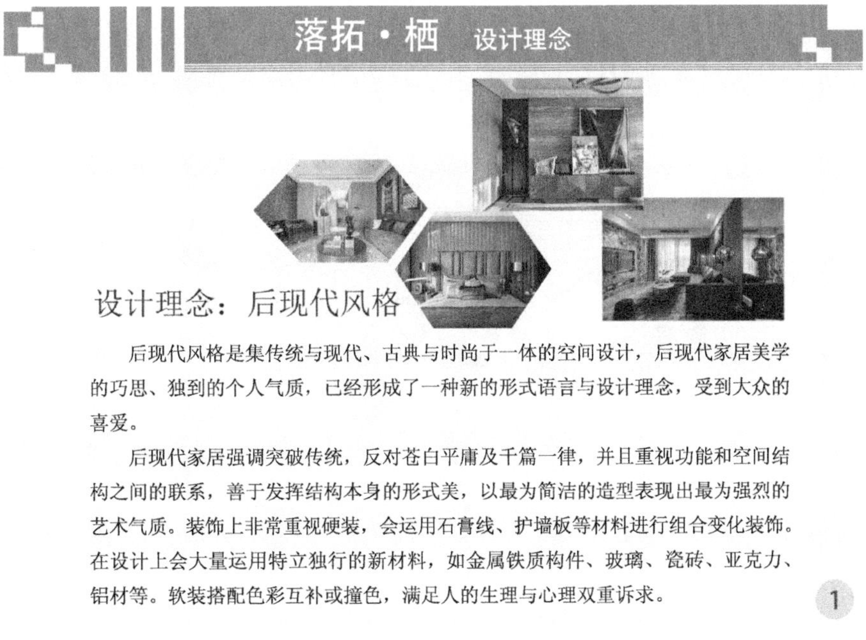
落拓·栖 设计理念
设计理念：后现代风格
后现代风格是集传统与现代、古典与时尚于一体的空间设计，后现代家居美学的巧思、独到的个人气质，已经形成了一种新的形式语言与设计理念，受到大众的喜爱。
后现代家居强调突破传统，反对苍白平庸及千篇一律，并且重视功能和空间结构之间的联系，善于发挥结构本身的形式美，以最为简洁的造型表现出最为强烈的艺术气质。装饰上非常重视硬装，会运用石膏线、护墙板等材料进行组合变化装饰。在设计上会大量运用特立独行的新材料，如金属铁质构件、玻璃、瓷砖、亚克力、铝材等。软装搭配色彩互补或撞色，满足人的生理与心理双重诉求。
1

图9-45 方案设计理念

4. 色彩定位

本设计案例起居室以高级质感的墨绿色为主调，搭配米色、橙色、卡其色等软装配饰，再配以金属色系进行点缀，具有强大的包容性及延展性，并体现了自由与深沉的空间平衡。卧室、书房以中性色为主调，如卡其色、咖色、褐色等，与家具、陈设相呼应，使室内呈现和谐统一的艺术效果。

5. 材质定位

本设计案例材质主要包括大理石、护墙板、胡桃木、木饰面、瓷砖以及金属元素等，经过巧妙的组合搭配，提升整个空间的品质。家具与陈设配以纺织品、丝绒、陶瓷、金属等材质元素，错落有致，使空间更具层次感。灯饰以金属为主，并以线条造型呈现，使空间更具艺术魅力。

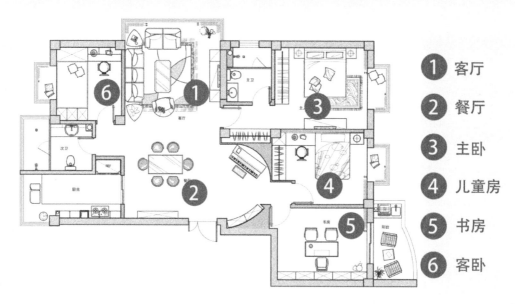

落拓·栖 家居平面图

①客厅
②餐厅
③主卧
④儿童房
⑤书房
⑥客卧

图9-46 家居平面图

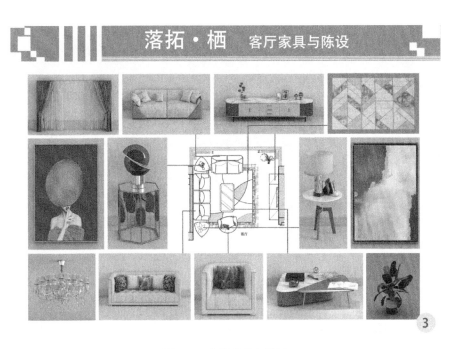

图9-47　客厅家具与陈设

图9-48　客厅透视效果图

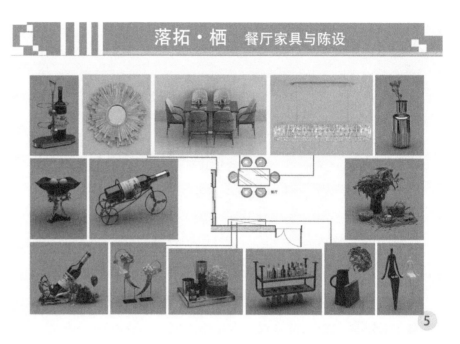

图9-49　餐厅家具与陈设

图9-50　餐厅透视效果图

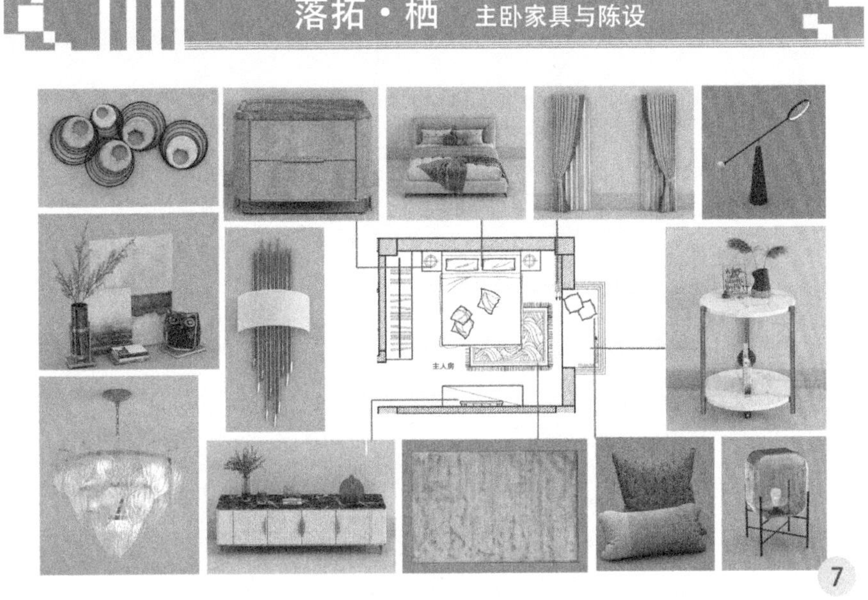

图9-51 主卧家具与陈设

图9-52 主卧透视效果图

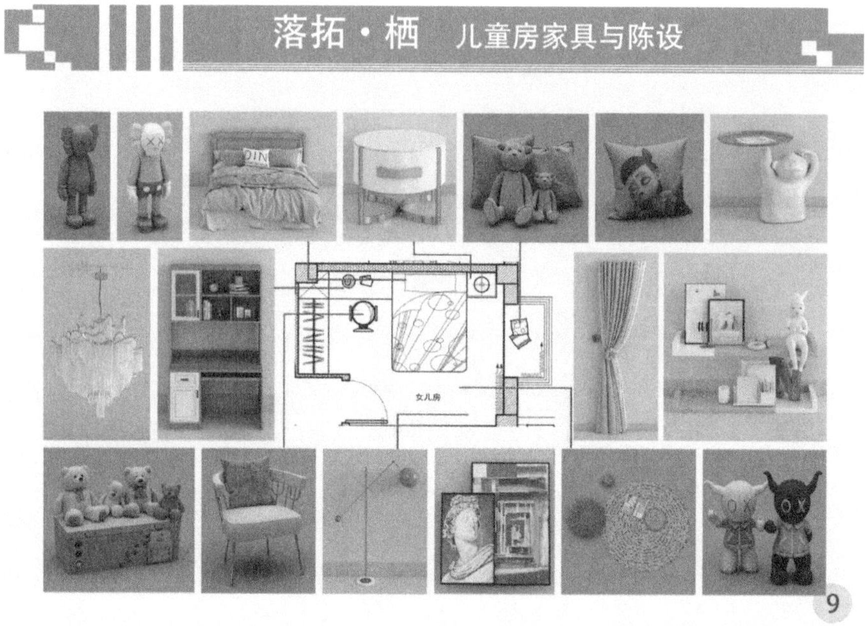

图9-53　儿童房家具与陈设

图9-54　儿童房透视效果图

图9-55　客卧家具与陈设

图9-56　客卧透视效果图

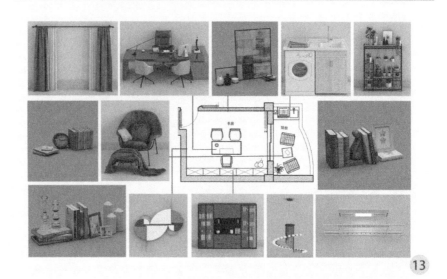

图9-57 书房、阳台家具与陈设

更多设计案例,可扫描下方二维码浏览学习。

图9-58 书房透视效果图

设计案例5 古韵·幽——新中式风格家具与陈设(软装)设计

设计案例6 简·奢——现代港式风格家具与陈设(软装)设计

延伸阅读与分享

分组搜集两种不同风格的家具与陈设设计案例,了解案例的设计背景、设计主题、设计理念、设计风格、设计方法,分析比较两种不同风格的特点,并透过案例分析设计师们有什么值得学习的品质,最后小组制作相关PPT并进行分享。

参 考 文 献

［1］陈根. 室内设计看这本就够了（全彩升级版）[M]. 北京：化学工业出版社，
 2019.

［2］万娜，方松林. 家具与陈设[M]. 重庆：西南师范大学出版社，2015.

［3］卓晖，林朝阳. 室内软装设计速查[M]. 北京：机械工业出版社，2020.

［4］薛凯. 公共空间室内设计速查[M]. 2版. 北京：机械工业出版社，2020.

［5］王云霞. 居住空间室内设计速查[M]. 2版. 北京：机械工业出版社，2019.